由浅入深 从易到难 图解详尽 创意多元

图解 中国结一本全

陈佳/主编

中国华侨出版社

图书在版编目（CIP）数据

图解中国结一本全 / 陈佳主编 . —北京：中国华
侨出版社，2017.4
ISBN 978-7-5113-6768-6

Ⅰ . ①图… Ⅱ . ①陈… Ⅲ . ①绳结 – 手工艺品 – 制作
– 中国 – 图解 Ⅳ . ① TS935.5–64

中国版本图书馆 CIP 数据核字（2017）第 080470 号

图解中国结一本全

主　　编：陈　佳
出 版 人：刘凤珍
责任编辑：待　宵
封面设计：韩立强
文字编辑：徐胜华
美术编辑：张　诚
图片摄影：赵　昭

经　　销：新华书店
开　　本：720mm×1020mm　1/16　印张：27.5　字数：154 千字
印　　刷：北京市松源印刷有限公司
版　　次：2017 年 9 月第 1 版　　2017 年 9 月第 1 次印刷
书　　号：ISBN 978-7-5113-6768-6
定　　价：39.80 元

中国华侨出版社　北京市朝阳区静安里 26 号通成达大厦 3 层　邮编：100028
法律顾问：陈鹰律师事务所
发 行 部：（010）58815874　　　传　　真：（010）58815857
网　　址：www.oveaschin.com
E－m a i l：oveaschin@sina.com

如果发现印装质量问题，影响阅读，请与印刷厂联系调换。

前言

　　从"女娲引绳在泥中，举以为人"到"上古无文字，结绳以记事"，我们可以看出绳子在中国文化中是不可或缺的。无论是旧石器时代的缝衣打结，还是汉朝的仪礼记事，或是今日的装饰手艺，都少不了它的参与。人们把不同的结结合在一起，或用其他具有吉祥图案的饰物进行搭配组合，就形成了造型独特、绚丽多彩、寓意深刻且内涵丰富的中国传统装饰品——中国结。

　　中国结代表了中华民族悠久的历史，又十分符合中国传统装饰的习俗和中国人的审美观念，因此得名。中国结造型对称、优美精致，人们根据其形、意对其进行命名，吉祥结寓意吉祥如意，大吉大利；盘长结代表回环延绵，长命百岁；团锦结说明团圆美满，锦上添花；同心结蕴含比翼双飞，永结同心；双钱结意指好事成双，财源茂盛……一根根小小的绳子里藏着人们宽广如天、幽深似海的心思，每种结都显现出人们内心热烈而浓郁的祝福和祈愿。周朝，人们随身佩戴的玉饰上常用中国结来做装饰，而战国时期的铜器上也常出现类似于中国结的图案，发展到清朝，中国结真正地成为了一种流传于民间的艺术和工艺，现如今，中国结与人们的生活结合得非常紧密，人们已经将中国结发展成为具有中国民族特色的产品，走向了世界。

　　中国结的编制，要经过编、抽、修的过程。各种基础结的编法是固定的，其中抽可以决定结体的松紧、耳翼的长短、线条的流畅与工整，可以充分表现出编者的艺术技巧和修养。修则为绳结最后的修饰，如缝珠、烧粘等。由于结饰变化繁多而雅致，编用的线材除了棉、麻、丝、尼龙和皮线之外，还有金银等金属线材可以搭配，更增强中国结装饰的功能和适用的范围。无论各种首饰、衣服配件和礼物包装的美化，还是室内各种陈设物品的装饰，都可以搭配中国结来增添美观。

　　学编中国结不仅可以多掌握一门技艺，将这项中国古老的手工艺传承下去，也可以让休闲时光更为有趣，同时做出的中国结饰品不论是居家装饰还是送人都十分适宜。为爱人编一条中国结手链，让爱情甜蜜，永结同心；给长辈编几对古典盘扣，让浓浓的亲情与关怀围绕在他们身边；给孩子编条项链，愿他茁壮成长，努力向上；朋友乔迁新居，送上一件中国结挂饰，祝贺好运连连，节节攀升；同事新购爱车，挂上一件中国结车饰，祝一路顺风，永保平安……

1

本书收录了近300款好学实用的中国结的制作方法，详尽地向读者介绍了现代人生活中的中国结，主要包含的内容有：中国结常用线材及工具、中国结基础结，以及中国结成品结。而其中成品结又分为首饰、手机链、家居挂饰等，从手链、项链、发饰、古典盘扣、耳环、戒指到手机吊饰、室内挂饰、汽车挂饰等都有不同的作品分列。书中由浅入深、从易到难，搜罗各种特色结型，以详实直观的步骤图，准确简明的文字解说，将常用的基础结一一展现。书中更配以结与结组合的精美大图，让你看得清，学得快。只需一两分钟，你就可以学会一种结。基础入门，从初级开始，把每一个富于变化的结铭记于心，学会之后便能够开始创作。更难能可贵的是，编者撷取前人的智慧，根据每一个成品结的造型为其取了优美的名字，并附上深远的寓意，希望读者在学习编结的过程中能够得到一种美的享受。

　　做好准备，几条绳，一双手，学习结艺，点缀生活，就从现在开始吧。

目录

第一章

材料与工具

常用线材

3 号线　　4 号线　　5 号线　　6 号线

4 号夹金线　　5 号夹金线　　7 号线　　A 玉线

B 玉线　　七彩线　　璎珞线　　银线

如意扁线　　皮绳　　蜡绳

流苏线

股线（6股、9股、12股）

索线

弹力线

常用工具

热熔枪

胶棒

镊子

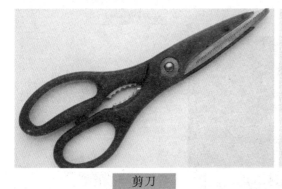
剪刀

夹嘴钳

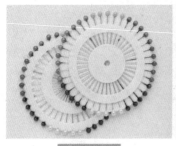
珠针

套色针

打火机

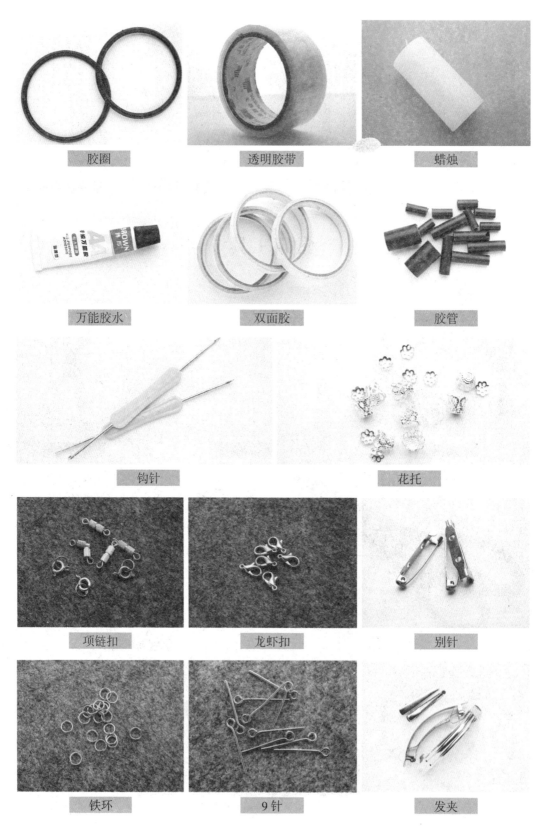

胶圈　　　　　　　　透明胶带　　　　　　　蜡烛

万能胶水　　　　　　双面胶　　　　　　　　胶管

钩针　　　　　　　　　　　　　花托

项链扣　　　　　　　龙虾扣　　　　　　　　别针

铁环　　　　　　　　9针　　　　　　　　　发夹

T针

插垫

软尺

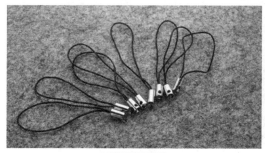

手机挂绳

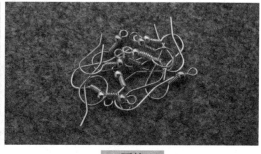

耳钩

常用配件

瓷珠（粉彩珠、青花瓷珠、青
花长形珠、四方瓷珠）

藏银珠

木珠

景泰蓝珠

珍珠串珠

铜钱

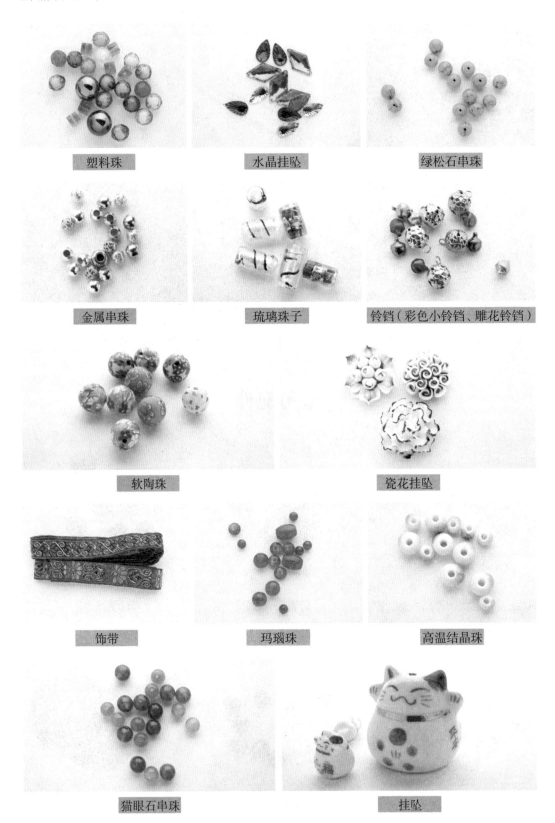

塑料珠　　　　　　水晶挂坠　　　　　　绿松石串珠

金属串珠　　　　　　琉璃珠子　　　　铃铛（彩色小铃铛、雕花铃铛）

软陶珠　　　　　　　　　　瓷花挂坠

饰带　　　　　　　　玛瑙珠　　　　　　高温结晶珠

猫眼石串珠　　　　　　　　挂坠

第二章

基础编法

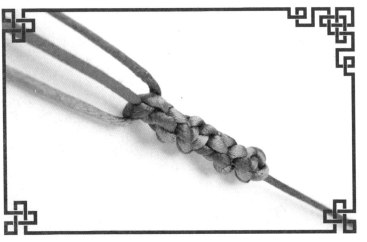

单向平结

平结是中国结的一种基础结，也是最古老、最通俗、最实用的基础结。平结给人的感觉是四平八稳，所以它在中国结中寓含着延寿平安、平福双寿、富贵平安、平步青云之意。平结分为单向平结和双向平结两种。

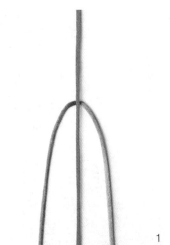

1

2

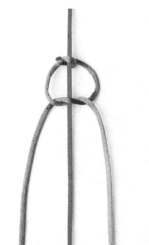

3

1. 将两条线烧连成一条线，再同另一条线如图中所示的样子摆放。

2. 蓝线从红线下方穿过右圈；黄线压红线，穿过左圈。

3. 拉紧后，蓝线压红线，穿过左圈；黄线从红线下方过，穿过右圈。

4

5

4. 再次拉紧，重复 2、3 步骤。

5. 按照 2、3 步骤重复编结，重复多次后，会发现结体变成螺旋状。

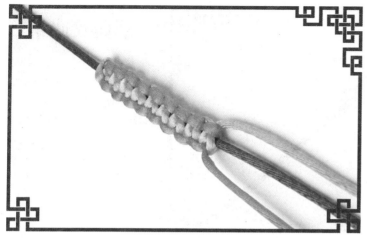

双向平结

双向平结与单向平结相比，结体更加平整，且颜色丰富，显得十分好看。

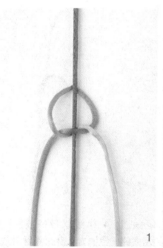

1

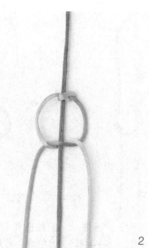

2

3

1.将黄线与粉线烧连，以蓝线为中垂线，粉线压过蓝线，穿过左圈；黄线从蓝线下方过，穿过右圈。

2.拉紧，粉线压过蓝线，穿过左圈；黄线从蓝线下方过，穿过右圈。

3.粉线压过蓝线，穿过右圈；黄线从蓝线下方过，穿过左圈。

4

4.重复2、3步骤连续编结，即可完成双向平结。

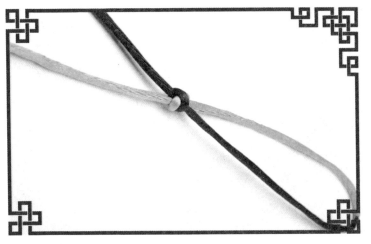

横向双联结

　　"联"，有连、合、持续不断之意。本结以两个单结相套连而成，故名"双联"。双联结是一种较实用的结，结形小巧，不易松散，分为横向双联结、竖向双联结两种，常用于结饰的开端或结尾。

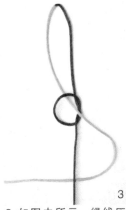

1. 准备好一条线，如图烧连。

2. 如图中所示，棕线从绿线下方绕过，再压绿线回到右侧，并以挑一压的方式从线圈中穿出。

3. 如图中所示，绿线压过棕线，再从棕线后方绕过来。

4. 绿线以挑棕线、压绿线的方式穿过棕线形成的圈中。

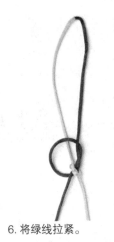

5. 如图中所示，绿线从下方穿过其绕出的线圈。

6. 将绿线拉紧。

7. 按住绿线绳结部分，将棕线向左下方拉，最终形成一个"X"形的双联结。

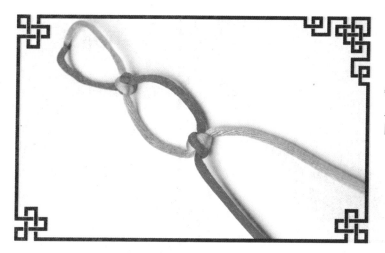

竖向双联结

竖向双联结常用于手链、项链的编制。此结的特点是两结之间的连结线是圆圈，可以串珠来做装饰。

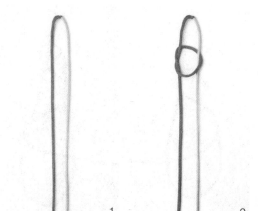

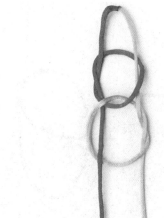

1

2

3

1. 将两线烧连对折。

2. 红线从上方绕过黄线后，自行绕出一个圈。

3. 黄线从下方绕过红线，再穿过红线圈（即两个线圈连在一起）。

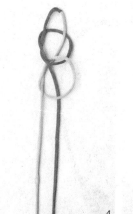

4

5

6

7

4. 将黄线圈拉至左侧。

5. 将黄线拉紧。

6. 捏住拉紧后的黄线，再将红线拉紧，最终形成一个"X"形的结。

7. 按照同样的方法再编一个结。

凤尾结

凤尾结是中国结中十分常用的基础结之一，又名发财结，还有人称其为八字结。它一般被用在中国结的结尾，具有一定的装饰作用，象征着龙凤呈祥，财源滚滚，事业有成。

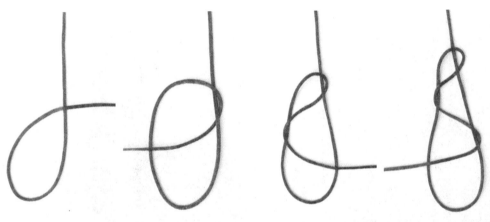

|1|2|3|4|

1. 左线如图中所示压过右线。

2. 左线以压一挑的方式，从左至右穿过线圈。

3. 左线再次以压一挑的方式，从右至左穿过线圈。

4. 重复步骤2。

|5|6|7|

5. 重复步骤2、3。

6. 整理左线，不让结体松散，最后拉紧右线。

7. 将多余的线头剪去，烧粘，凤尾结就完成了。

单8字结

单8字结，结如其名，打好后会呈现"8"的形状。单8字结结形小巧、灵活，常用于编结挂饰或链饰的结尾。

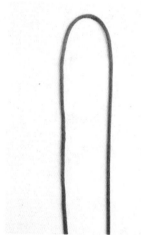

1. 将一根线对折。

2. 左线向右，压过右线。

3. 左线向左，从右线下方穿过。

4. 左线向上，以压一挑的顺序，从上方的环中穿过。

5. 将两根线上下拉紧，即可。

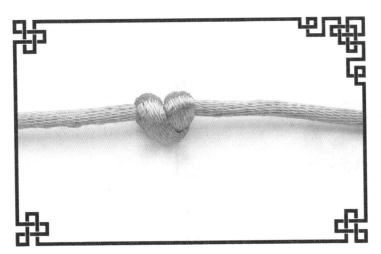

线圈结

线圈结是中国结基础结的一种，是绕线后形成的圆形结，故象征着团团圆圆、和和美美。

1

1. 准备好一根线。

2

2. 线的右端向左上，压住左端的线。

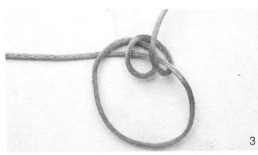

3

3. 右线在左线上缠绕两圈。

4

4. 缠绕后，右线从上部形成的圈中穿出。

5

5. 将左右两线拉紧，即可。

搭扣结

搭扣结由两个单结互相以对方的线为轴心组成，当拉起两根轴线时，两个单结会结合得非常紧密。由于此结中两个单结既可以拉开又可以合并，使绳子产生伸缩，所以常被用在项链、手链的结尾。

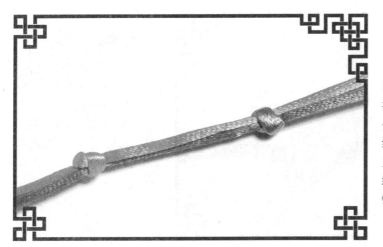

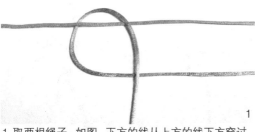

1

2

1.取两根绳子，如图，下方的线从上方的线下方穿过，再压过上方的线向下，形成一个线圈。

2. 如图，下方的线从下面穿过线圈，打一个单结。

3

4

3. 将下方的线拉紧，形成的形状如图。

4. 如图，上方的线从下方的线下面穿过，再压过下方的线向上，形成一个线圈。

5

6

5.同步骤2，上方的线从下面穿过线圈，打一个单结。

6. 最后，将上方的线拉紧，搭扣结完成。

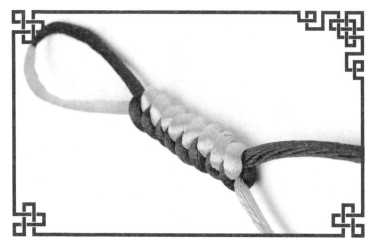

蛇 结

蛇结是中国结基础结的一种，结体有微微弹性，可以拉伸，状似蛇体，故得名。因结式简单大方，深受大众喜爱，常被用来编制手链、项链等。

1

1. 将两线烧连对折。

2

2. 绿线从后往前以顺时针方向在棕线上绕一个圈。

3

3. 棕线从前往后，以逆时针方向绕一个圈，然后从绿圈中穿出。

4

4. 将两条线拉紧。

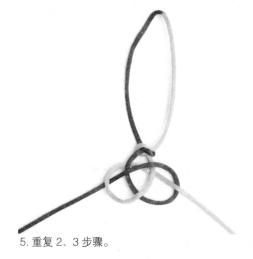

5. 重复2、3步骤。

5

6. 拉紧两条线。

6

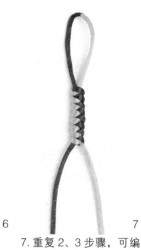

7

7. 重复2、3步骤，可编出连续的蛇结。

金刚结

金刚结在佛教中是一种具有加持力的护身符，它代表着平安吉祥。金刚结的外形与蛇结相似，但结体更加紧密、牢固。

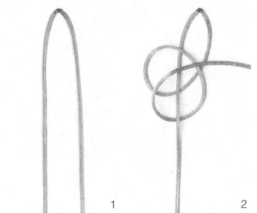

1

1. 将线对折。

2. 如图，粉线从蓝线下方连续绕两个圈。

3

3. 蓝线如图中所示，从左至右绕过粉线，再从粉线形成的两个线圈中穿出来。

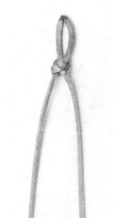

4

4. 将所有的线拉紧。

5

5. 将编好的结翻转过来，并将位于下方的粉线抽出一个线圈来。

6

6. 蓝线从粉线下方绕过，再穿入粉线抽出的圈中，将线拉紧。

7

7. 重复5、6步，编至合适的长度即可。

双钱结

双钱结又被称为金钱结或双金线结，因其结形似两个古铜钱相连而得名，象征着"好事成双"。因古时钱又称为泉，与"全"同音，双钱又意为"双全"。它常被用于编制项链、腰带等饰物，数个双钱结组合可构成美丽的图案。

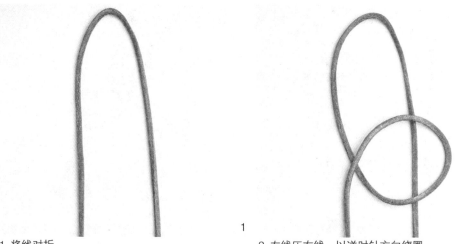

1. 将线对折。

2. 左线压右线，以逆时针方向绕圈。

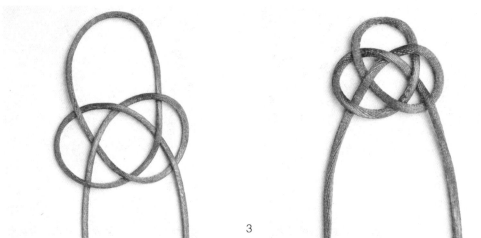

3. 如图，右线按顺时针方向，以挑一压一挑一压一挑一压的顺序绕圈。

4. 最后，将编好的结体调整好。

双线双钱结

双钱结不但寓意深刻，而且变化多端，将双绳接头相连接即可成双线双钱结。

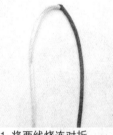

1. 将两线烧连对折。

2. 编一个双钱结。

3. 如图，深蓝色线向上，以压一挑的顺序沿着浅蓝色线走。

4. 如图，深蓝色线沿着浅蓝色线走。

5. 如图，浅蓝色线向右沿着深蓝色线走。

6. 如图，浅蓝色线继续沿着深蓝色线走。

7. 最后，将两根线相对接，即成。

菠萝结

　　菠萝结是由双钱结延伸变化而来的，因其形似菠萝，故名。菠萝结常用在手链、项链和挂饰上做装饰用，分为四边、六边两种，这里为大家介绍最常用的四边菠萝结。

1

1.准备好两条线。

2.将两条线用打火机烧连在一起，然后编一个双钱结。

3-1

3.蓝线跟着结中黄线的走势穿，形成一个双线双钱结。

3-2

4

4.将编好的双线双钱结轻轻拉紧，一个四边菠萝结就出来了。

5

5.最后将多余的线头剪去，并用打火机烧粘，整理下形状即可。

双环结

双环结因有两个耳翼如双环而得名。因编法与酢浆草结相同，又称双叶酢浆草结；而环与圈相似，因此也被称为双圈结。

1. 将两线烧连对折。

2. 红线向左，绕圈交叉后穿过棕线，再向右绕圈。

3. 红线向上绕圈，然后向下穿过其绕出的第二个圈。

4. 红线向右压过棕线。

5. 红线如图中所示穿过其绕出的第一个圈。

6. 红线向左穿过棕线，再向上穿过其绕出的第二个圈中。

7. 将两条线拉紧，并调整好两个耳翼的大小。

21

酢浆草结

　　在中国古老的结饰中，酢浆草结是一种应用很广的基本结之一，因其形似酢浆草而得名。其结形美观，易于搭配，可以衍化出许多变化结，因酢浆草又名幸运草，所以酢浆草结寓含幸运吉祥之意。

1

1. 将两线烧连对折。

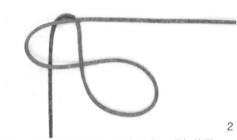

2

2. 如图，红线自行绕圈后，再向左穿入顶部的圈。

3

3. 蓝线自行绕圈后，向上穿过红圈，再向下穿出。

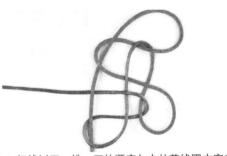

4

4. 红线以压一挑一压的顺序向右从蓝线圈中穿出。

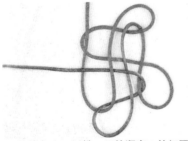

5

5. 红线向左，以挑一压的顺序，从红圈中穿出。

6

6. 将两线拉紧，注意调整好三个耳翼的大小。

万字结

　　万字结的结心因似梵文的"卍"字而得名。万字结常用来做结饰的点缀，在编制吉祥饰物时会大量使用，以寓"万事如意"、"福寿万代"。

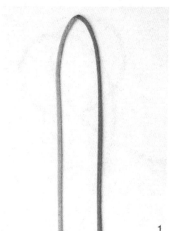

1. 将两线烧连对折。

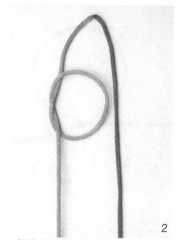

2. 粉线自行绕圈打结。

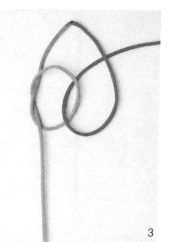

3. 如图，红线压过粉线，从粉线圈中穿过。

4. 红线自下而上绕圈打结。

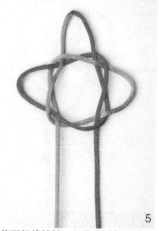

5. 将两根线拉松，红线穿过粉线圈的交叉处，粉线穿过红线圈的交叉处。

6. 将线拉紧，拉紧时注意三个耳翼的位置。

23

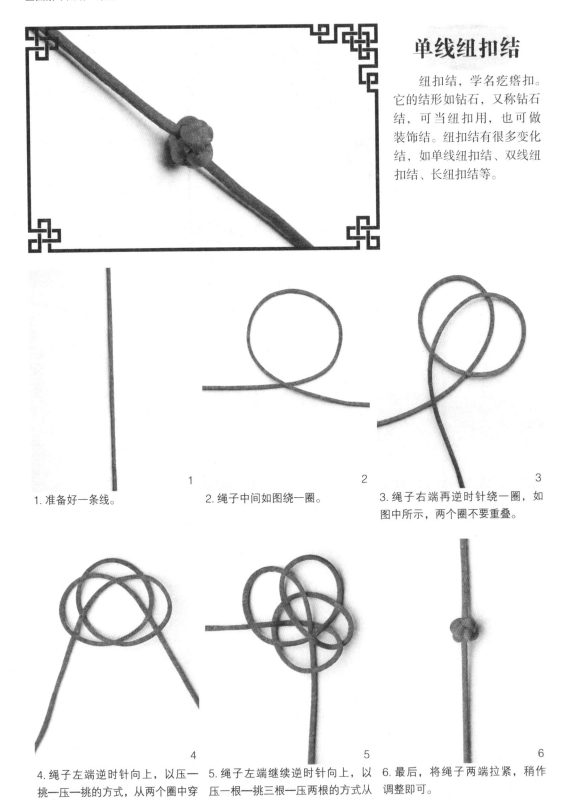

单线纽扣结

纽扣结，学名疙瘩扣。它的结形如钻石，又称钻石结，可当纽扣用，也可做装饰结。纽扣结有很多变化结，如单线纽扣结、双线纽扣结、长纽扣结等。

1. 准备好一条线。

2. 绳子中间如图绕一圈。

3. 绳子右端再逆时针绕一圈，如图中所示，两个圈不要重叠。

4. 绳子左端逆时针向上，以压一挑一压一挑的方式，从两个圈中穿过，注意，所有绳圈都不要重叠。

5. 绳子左端继续逆时针向上，以压一根一挑三根一压两根的方式从三个圈中穿出。

6. 最后，将绳子两端拉紧，稍作调整即可。

双线纽扣结

纽扣结，学名疙瘩扣，老一辈的人习惯叫它"旋布扣子"。它的结形如钻石，又称钻石结，可当纽扣用，也可做装饰结。纽扣结有很多变化结，如单线纽扣结、双线纽扣结、长纽扣结等。

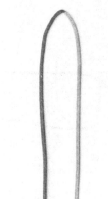

1

2

3

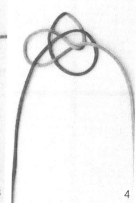

4

1. 将两线烧连对折。

2. 粉线如图绕一个圈，压在红线上。

3. 将粉圈扭转一次，再压在红线上。

4. 红线如图从粉线下方绕过，再以压两条—挑一条—压一条的顺序穿出。

5

6

7

8

5. 将粉线下端的线向上。

6. 粉线绕到线的下方，再从中间的圈中穿出。

7. 红线从粉线下方由左到右绕到顶部，也从中间的圈中穿出。

8. 将顶部的圈和下端的两条线拉紧即可。

圆形玉米结

玉米结是基础结的一种，分为圆形玉米结和方形玉米结两种，都由十字结组成。

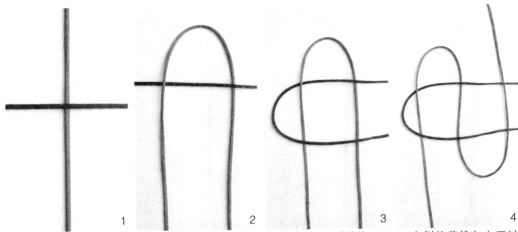

| 1 | 2 | 3 | 4 |

1. 将两条线呈十字形交叉摆放。

2. 蓝线向下压过棕线。

3. 棕线向右压过蓝线。

4. 右侧的蓝线向上压过棕线。

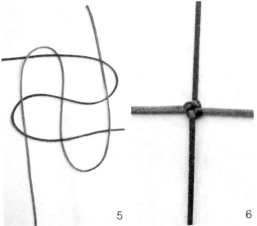

| 5 | 6 | 7 | 8 |

5. 棕线向左穿过蓝线的圈中。

6. 将四根线向四个方向拉紧。

7. 继续按照上述步骤挑压四条线，注意挑压的方向要始终一致。

8. 重复编至一定程度，即可编出圆形玉米结。

方形玉米结

学会了圆形玉米结，方形玉米结就易学多了。

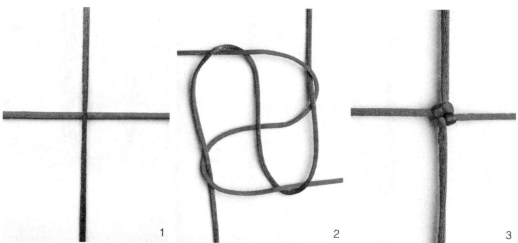

1	2	3

1. 将两条线呈十字形交叉摆放。

2. 如图中所示，将四个方向的线按照逆时针方向相互挑压。

3. 挑压完后，将四条线拉紧。

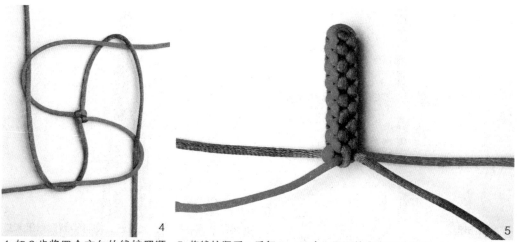

4. 如2步将四个方向的线按照顺时针方向相互挑压。

5. 将线拉紧后，重复2～4步，即可编出方形玉米结。

玉米结流苏

流苏在中国结挂饰中常常用到，编制流苏的方法有很多种，玉米结流苏正是其中常用的一种，也被称为"吉祥穗"。

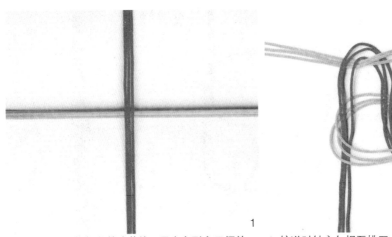

1

1. 准备几根不同颜色的流苏线，呈十字形交叉摆放。

2. 按逆时针方向相互挑压。

2

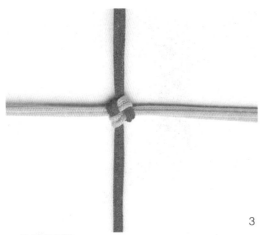

3

3. 拉紧四组线。

4

4. 继续按照逆时针方向挑压，即可得到圆形玉米结流苏。也可以按照编方形玉米结的方法，编出方形玉米结流苏。

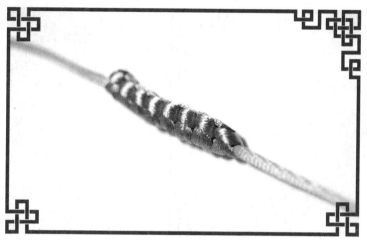

雀头结

雀头结是基础结的一种，在编结时，常以环状物或长条物为轴，覆于轴面，用来代替攀缘结。

1

2

3

4

1. 准备好两条线，右线从左线下方穿过，再压过左线向右，从右线另一端下方穿过。

2. 如图，右线另一端向左从左线下方穿过，再向上压过左线，从右线下方向右穿过。

3. 将右线拉紧，一个雀头结完成。

4. 如图，位于下方的右线向左压过左线，再向上从左线下方穿过，并压过右线向右穿出。

5

6

7

8

5. 将线拉紧。

6. 位于下方的右线向左从左线下方穿过，再向上向右压过左线，从右线下方穿过。

7. 将线拉紧，又完成一个雀头结。

8. 重复步骤 5 ～ 7，编至想要的长度即可。

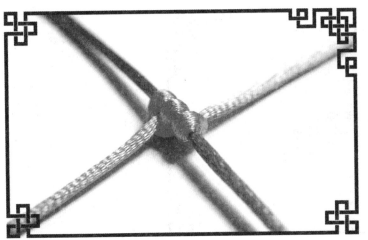

右斜卷结

斜卷结因其结体倾而得名，因为此结传自国外，又名为西洋结。它常用在立体结中，分为右斜卷结和左斜卷结。

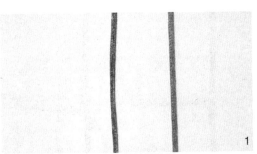

1. 如图，准备两根线，将其并排放置。

2. 如图，右线向左压过左线，再从左线下方向右穿过，压过右线的另一端。

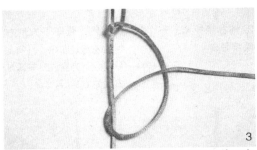

3. 如图，右线另一端向左压过左线，再从左线下方向右压右线穿过。

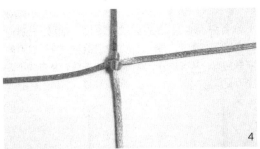

4. 如图，将右线的两端分别向左右两个不同方向拉紧，一个斜卷结完成。

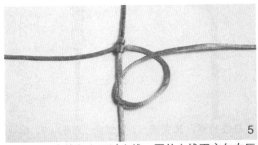

5. 如图，右线向左压过左线，再从左线下方向右压右线穿过。

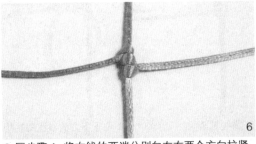

6. 同步骤4，将右线的两端分别向左右两个方向拉紧，即成。

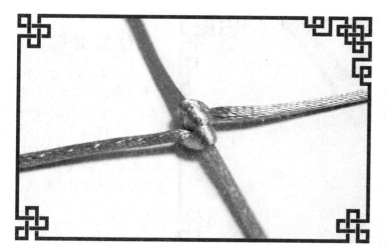

左斜卷结

左斜卷结结式简单易懂、变化灵活，是一种老少咸宜的结艺编法。

1. 准备好两根线，如图中所示，并排摆放。

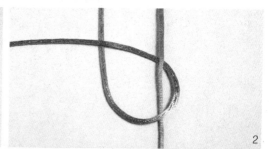

2. 如图，左线向右压过右线，再向左从右线下方穿过。

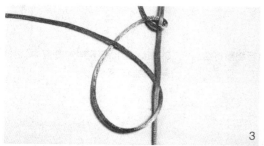

3. 如图，左线另一端向右压过右线，再从右线下方向左压左线穿过。

4. 如图，将左线的两端分别向左右两个方向拉紧，一个左斜卷结完成。

5. 如图，左线向右压过右线，再从右线下方向左穿过，压过左线。

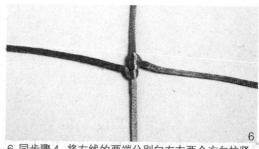

6. 同步骤4，将左线的两端分别向左右两个方向拉紧，即成。

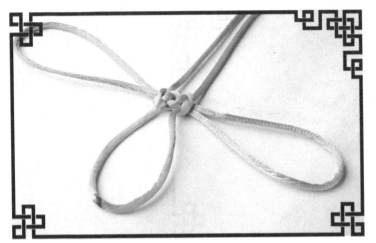

横藻井结

在中国宫殿式建筑中，涂画文彩的天花板，谓之"藻井"，而"藻井结"的结形，其中央似"井"字，周边为对称的斜纹，因此而得名。藻井结是装饰结，分为横藻井结和竖藻井结两种。

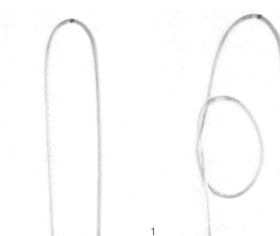

1

1. 将两线烧连对折。

2. 黄线由下而上自行绕圈打结。

2

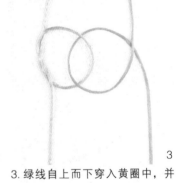

3

3. 绿线自上而下穿入黄圈中，并向右绕圈交叉。

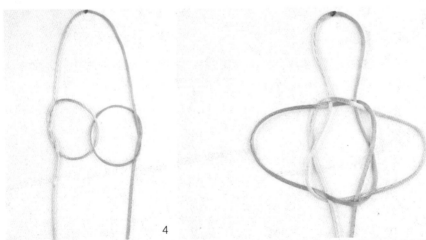

4

4. 绿线从上至下穿入其形成的圈中。

5

5. 绿圈向左从黄线的交叉点处穿出，黄圈向右从绿线的交叉点处穿出。

6

6. 将左右两边的耳翼拉紧。

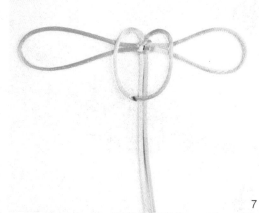

7

7. 将顶部的圈向下压住下端的两条线。

8

8. 将黄线从压着它的圈中穿出。

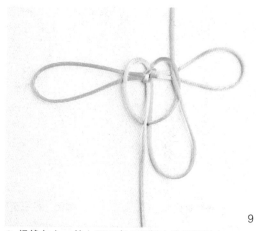

9

9. 绿线向上，从上而下穿入顶部右边的绿圈中。

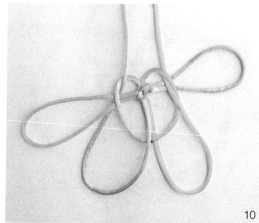

10

10. 黄线向上，由下而上穿入顶部左边的黄圈中。

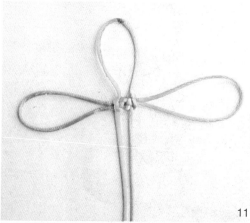

11

11. 上下翻转，将顶部的圈和底端的黄线绿线同时拉紧，横藻井结就完成了。

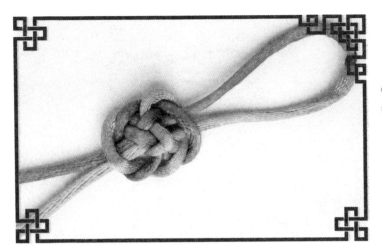

竖藻井结

竖藻井结可用来编手镯、项链、腰带、钥匙链等，十分结实、美观。

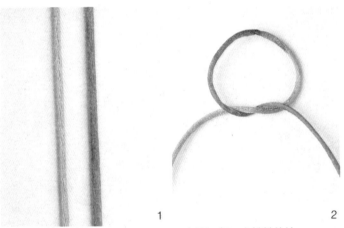

1. 将一根线对折摆放。

2. 如图，打一个松松的结。

3. 如图，在第一个结的下方接连打三个松松的结。

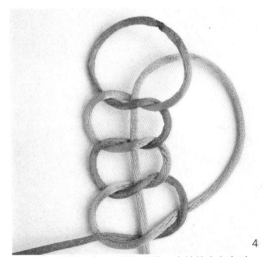

4. 如图，粉线向右上，再向下从四个结的中心穿过。

5. 如图，绿线向左上，再向下从四个结的中心穿过。

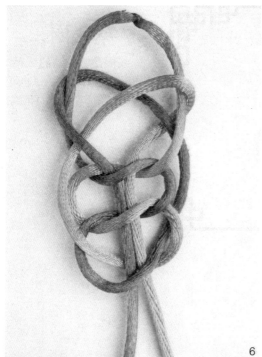

6

7

6. 如图，左下方的圈从前往上翻，右下方的圈从后往上翻。

7. 如图，将上方的线拉紧，仅留出最下方的两个圈不拉紧。

8

9

8. 如图，同步骤6，左下方的圈从前往上翻，右下方的圈从后往上翻。

9. 将结体抽紧，即可。

线 圈

线圈是基础结的一种，常用于结与饰物的连接，也可做装饰，象征着和美、团圆。

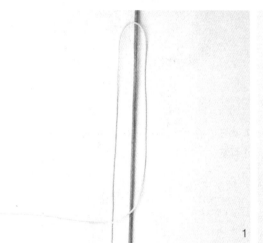

1

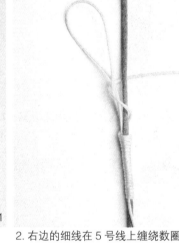

2

1.取一根 5 号线，再取一条细线，将细线对折后，放在 5 号线上。

2.右边的细线在 5 号线上缠绕数圈。

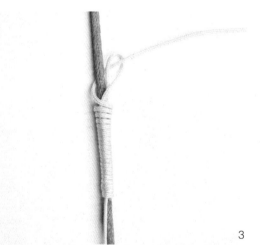

3

4

3.缠到一定长度后，将线穿过对折后留出的圈中。然后将下端的细线向下拉。

4.拉紧后，将线头剪去，两端用打火机烧热，对接起来即可。

绕　线

绕线和缠股线是中国结中常用的基础结，它们会使得线材更加有质感，从而使整个结体更加典雅、大方。

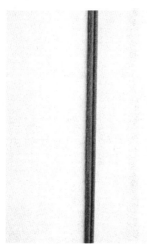

1

1.将一条线对折成两条线。

2

2.将一条红色细线对折后，放在两条蓝线上。

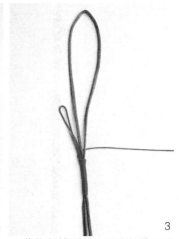

3

3.蓝线保持不动，红线开始在蓝线上绕圈。

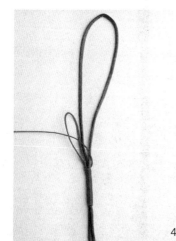

4

4.绕到一定长度后，将红线的线尾穿入红线对折后留出的圈中。

5

5.将红线的两端拉紧。

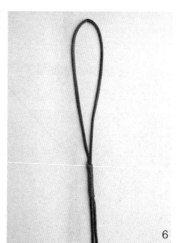

6

6.最后，将红线的线头剪掉，烧粘即可。

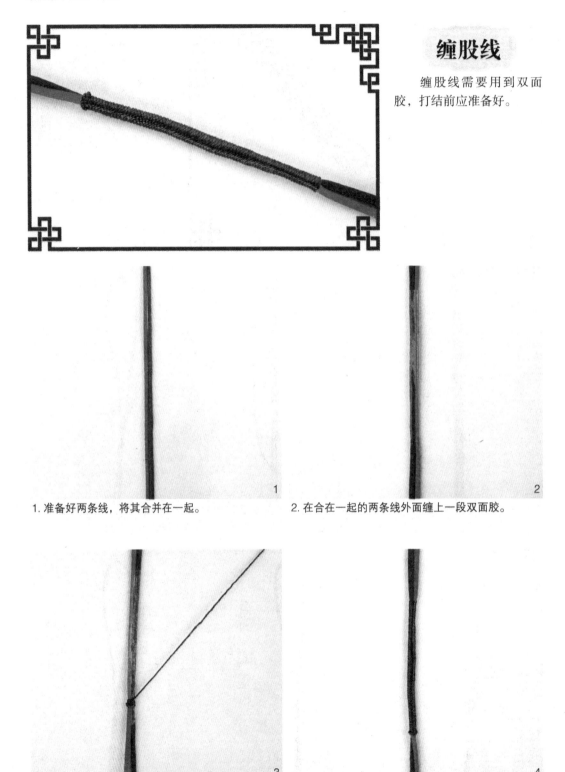

缠股线

缠股线需要用到双面胶，打结前应准备好。

1.准备好两条线，将其合并在一起。

2.在合在一起的两条线外面缠上一段双面胶。

3.取一段股线，缠在双面胶的外面，以两条线为中心反复缠绕。

4.缠到所需的长度，将线头烧粘即可。

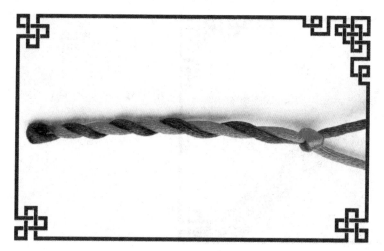

两股辫

两股辫是中国结基础结的一种，常用于编手链、项链、耳环等饰物。

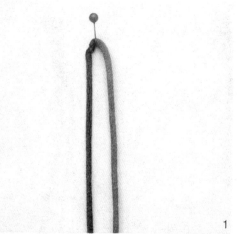

1

1. 在插垫上插入一根珠针，将两线烧连如图挂在珠针上。

2

2. 将两根线一根向外拧，一根向内拧。

3

3. 拧到一定距离后，打一个蛇结固定。

4

4. 将编好的两股辫从珠针上取下即可。

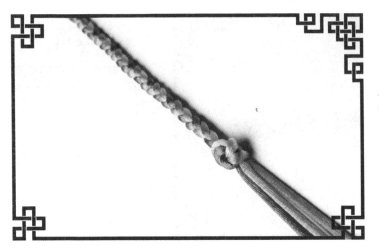

三股辫

三股辫也很常见，常用于编手链、项链、耳环等饰物。

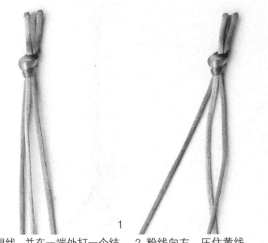

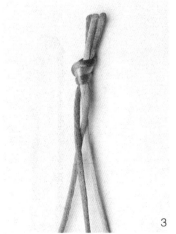

1. 取三根线，并在一端处打一个结。

2. 粉线向左，压住黄线。

3. 金线向右，压住粉线。

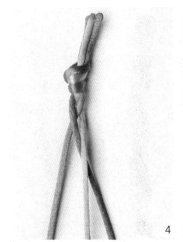

4. 黄线向左，压住金线。

5. 粉线向右，压住黄线。

6. 重复2～5步骤，编到一定程度后，在末尾打一个结即可。

四股辫

四股辫由四股线相互交叉缠绕而成，通常用于编制中国结手链和项链的绳子。

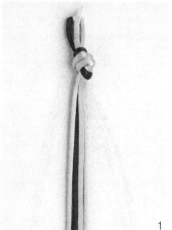

1

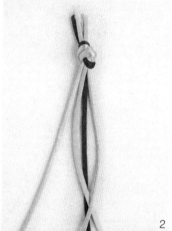

2

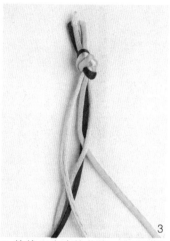

3

1.取四根线，在上方打一个结固定。

2.如图，绿线压棕线，右边的黄线压绿线。

3.棕线压右边的黄线，左边的黄线压棕线。

4

5

6

4.绿线压左边的黄线。

5.左边的黄线压绿线，棕线压左边的黄线。

6.重复2～5步骤，编至足够的长度，在末尾打一个单结固定。

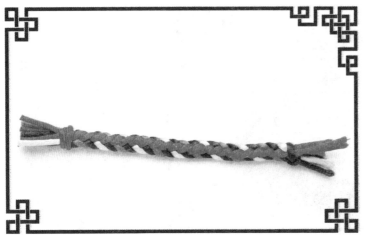

八股辫

八股辫的编法与四股辫是同样的原理，而且八股辫和四股辫一样，常用于做手链和项链的绳子。

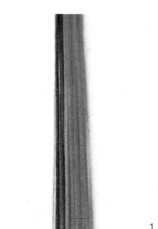

1

1. 准备好八根线。

2

2. 将顶部打一个单结固定，再将八根线分成两份，四根红线放在右边。

3

3. 如图，绿线从后面绕到四根红线中间，压住两根红线。

4

4. 右边最外侧的红线从后面绕到左边四根线的中间，压住粉线和绿线。

5

5. 左边最外侧的蓝线从后面绕到四根红线的中间，压住两根红线。

6

6. 右边最外侧的红线从后面绕到左边四根线的中间，压住绿线和蓝线。

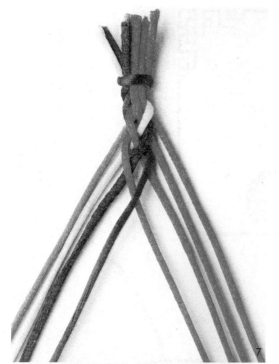

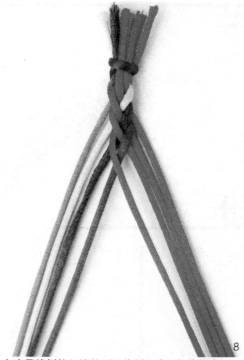

7. 左边最外侧的棕线从后面绕到四根红线的中间，压住两根红线。

8. 右边最外侧的红线从后面绕到左边四根线的中间，压住蓝线和棕线。

9. 重复 3 ~ 8 步骤，连续编结。

10. 编至一定长度后，取其中一根线将其余七根线缠住，打结固定即可。

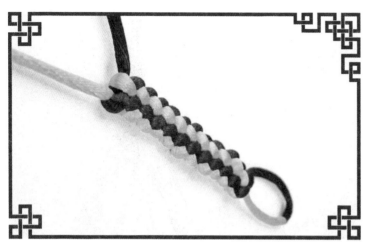

锁　结

　　锁结，顾名思义，两根线走线时相互紧锁，其外形紧致牢固，适宜做项链或手链。

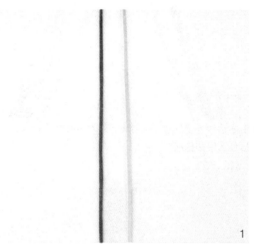

1

1. 将两线烧连对折。

2

2. 棕线交叉绕圈。

3

3. 如图，绿线向右穿入棕线圈中。

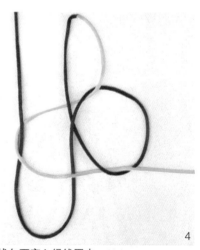

4

4. 如图，棕线向下穿入绿线圈中。

5

5. 将两条线拉紧，注意要留出两个耳翼。

6

6. 如图，绿线穿入棕线圈中。

7

7. 拉紧棕线。

8

8. 棕线穿入绿线圈。

9

9. 拉紧绿线。

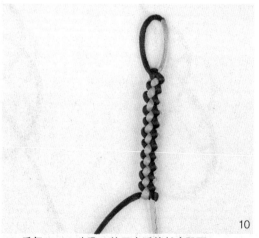

10

10. 重复 6 ~ 9 步骤，编至合适的长度即可。

发簪结

发簪结，顾名思义，极像女士用的发簪。制作此结时可用多线，适宜做手链等。

1

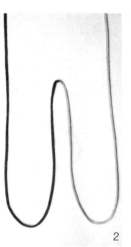

2

3

4

1. 将两线烧连对折摆放。

2. 将对折后的线两端向上折，最终成"W"型。

3. 将右侧的环如图中所示压在左侧环的上面。

4. 右线如图中所示逆时针向上，穿过右侧的环。

5

6

7

5. 左线如图中所示按照压一挑一压一挑的顺序穿过。

6. 如图中所示，左线按照压一挑一压一挑的顺序穿回去。

7. 最后，整理一下形状即可。

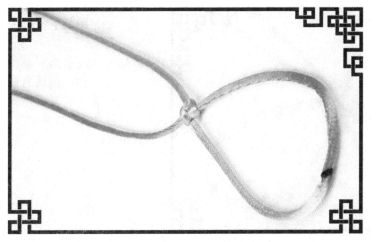

十字结

十字结结型小巧简单，一般做配饰和饰坠。其正面为"十"字，故称十字结，其背面为方形，故又称方结、四方结。此结常用于立体结体中，如鞭炮，十字架等。

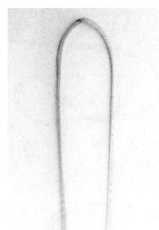

1. 将两线烧连对折。

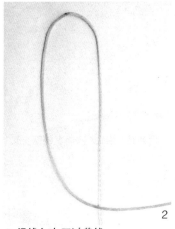

2. 绿线向右压过黄线。

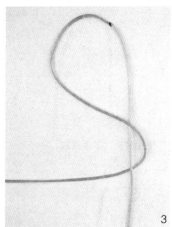

3. 如图，绿线向左，从黄线下方绕过。

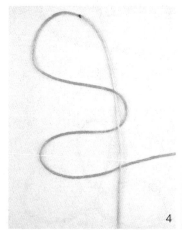

4. 如图，绿线向右，再次从黄线下方穿过。

5. 黄线向上，从绿线下方穿过，最后从顶部的圈中穿出，再向下，以压一挑的方式从绿圈中穿出。

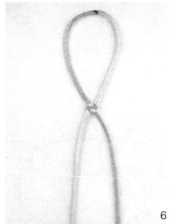

6. 将黄线和绿线拉紧，即可。

绶带结

绶带结的编结方法与十字结相类似，但寓意深刻，意味着福禄寿三星高照，官运亨通，连绵久长，代代相续。

1. 将线对折，水平摆放。

2. 两条线合并，如图向右绕圈交叉。

3. 两条线向左绕，自上而下穿入顶部的线圈中。

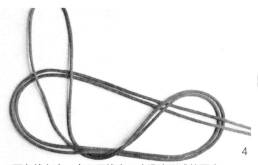

4. 两条线向右，穿入两线在2步骤中形成的圈中。

5. 两条线向上，然后向左压过顶部的圈。

6. 两条线向下，自下而上穿入5步骤形成的圈中。

7. 两条线向上穿入顶部的圈中，接着向下穿入图中的圈中。

8. 将两条线拉紧，并调整三个耳翼的大小即可。

套环结

套环结工整、简单，而且不易松散，所以十分受欢迎。

1

2

3

1. 取一个钥匙环，一根线。将线对折穿入钥匙环，将顶端的线穿入顶部的圈中。

2. 将线拉紧。左线从下方穿过钥匙环，再向左穿入左侧线圈中。

3. 将线拉紧。

4

5

4. 重复上述步骤，直到绕完整个钥匙环。

5. 最后将线头剪去，并用打火机烧连。

菠萝头

菠萝头是中国结的一种，常用作流苏前方的帽子，从而起到固定流苏和装饰的作用。

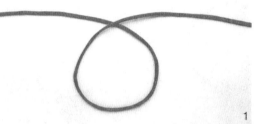

1

1. 将一条线对折后，交叉。

2

2. 右线从下至上穿入 1 步骤中形成的圈中，再从上而下从圈中穿出。

3

3. 右线从上而下穿入 1 步骤形成的圈中，再向右绕圈交叉。

4

4. 将线拉紧。

5

5. 重复 2、3 步骤。编出足够长度时，拉紧左右两条线，形成一个圈。

6

6. 继续重复 1～3 步骤，直到结成一个更大的圈，将左右两条线拉紧，用打火机将线头烧连，一个"菠萝头"就做好了。

秘鲁结

秘鲁结是中国结的基本结之一。它简单易学，徒手即可运作，且用法灵活，多用于项链、耳环及小挂饰的结尾部分。

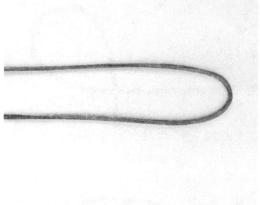

1

1. 将线对折。

2

2. 下方的线向上压过上方的线，在上方的线上绕两圈。

3

3. 将下方的线穿入两线围成的圈内。

4

4. 将两线拉紧即可。

十角笼目结

笼目结是中国结基本结的一种，因其结的外形如同竹笼的网目，故名。此结分为十角笼目结和十五角笼目结两种。

1

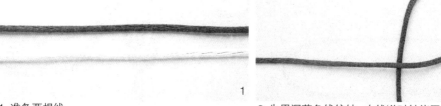

2

1. 准备两根线。

2. 先用深蓝色线编结，右线逆时针绕圈，放在左线下。

3

4

3. 如图，右线顺时针向下放在左线下。

4. 如图，右线以压一挑一压的顺序向左上穿过。

5

6

5. 如图，右线再向右下，以挑一压一挑一压的顺序穿过，一个单线笼目结就编好了。

6. 如图，将浅蓝色线从深蓝色线右侧绳头处穿入。

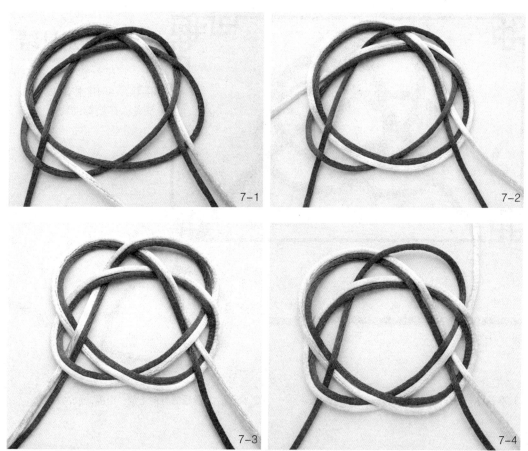

7. 如图，浅蓝色线随深蓝色线绕一圈，注意不要使两线重叠或交叉。

8. 最后，整理结形，十角笼目结就完成了。

十五角笼目结

十五角笼目结常用于辟邪，可用来编成胸花、发夹、杯垫等饰物。

1. 准备好一根线。

2. 如图，左线顺时针向上绕一个圈，放在右线下。

3. 右线逆时针绕一个圈，以挑一压的顺序穿过左线的圈。

4. 如图，左线向左，以压两根一挑两根的顺序从右线圈中穿出。

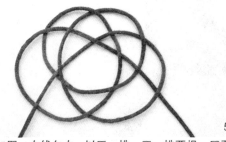

5. 如图，右线向右，以压一挑一压一挑两根一压两根的顺序穿出。

6. 最后整理结形，即可。

琵琶结

琵琶结因其形状似古乐器琵琶而得名。此结常与纽扣结组合成盘扣，也可做挂坠的结尾，还可做耳环。

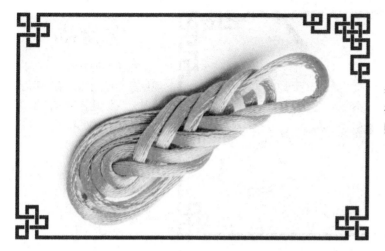

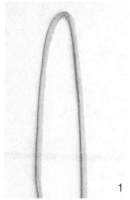

1

2

3

4

1. 将线对折，注意图中线的摆放，左线长，右线短。

2. 左线压过右线，再从右线下方绕过，最后从两线交叉形成的圈中穿出。

3. 左线由左至右从顶部线圈的下方穿出。

4. 左线向左下方压过所有的线。

5

6

7

8

5. 如图，左线以逆时针绕圈。

6. 左线向右从顶部线圈下方穿出，向左下方压过所有线。

7. 重复3～6步骤。注意，在重复绕圈的过程中，每个圈都是从下往上排列的。最后，左线从上至下穿入中心的圈中。

8. 将结体收紧，剪掉多余的线头即可。

攀缘结

攀缘结因其常套于一段绳或其他结上而得名。在编结时，要注意将结中能抽动的环固定或套牢。

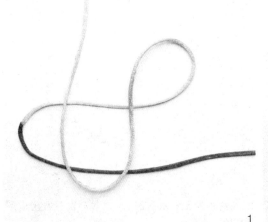

1

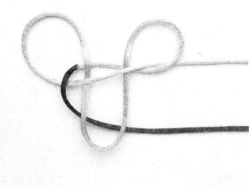

2

1.将线对折后，黄线向下交叉绕圈，再向上绕回，如图中所示，将棕线压住。

2.如图，黄线从右向左以挑棕线一压黄线的顺序从黄线圈中穿出。

3

4

3.如图，黄线向下，由右向左压过所有线，从左侧的圈中穿出。

4.将黄线、棕线拉紧。

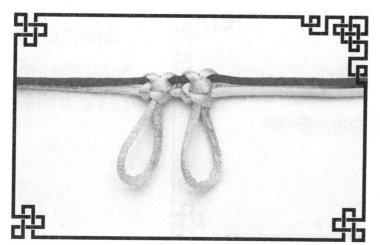

太阳结

太阳结，又称品结，寓意着光明、灿烂。此结常被人们用来绕边，也可以单独用来做手链、项链等饰品。

1

1. 取一根黄线，绕圈打结，注意不要拉紧。

2

2. 黄线在第一个圈下方继续打结，注意两个结交叉方向。

3

3. 取一条红线，压第一个圈。

4

4. 如图，黄线第一个圈向下穿过下方第二个圈的交叉处。

5

5. 将黄线向左右拉紧，并调整耳翼的大小。

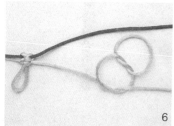

6

6. 右边的黄线再次绕圈打结，注意两个结的交叉方向。

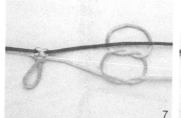

7

7. 红线再次压住黄线上方的第一个圈。

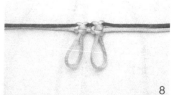

8

8. 同 4 步骤，黄线第一个圈向下穿过下方第二个圈的交叉处。最后，拉紧黄线。按照前面步骤，编成一个圈即可。

蜻蜓结

　　蜻蜓结是中国结的一种，可用做发饰、胸针。编结的方法有很多种，最重要的在于身躯部分，应该注意前大尾小，以显生动。

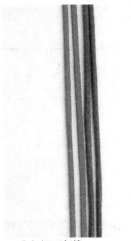

1

1.准备好四条线。

2

2.在四条线的顶端打一个纽扣结。

3

3.在纽扣结下方打一个十字结。

4

4.取一条蓝线、一条红线为中心线，其余两条线编双向平结。

5

5.编至合适的位置即可。

6

6.将底端的线头剪掉，用打火机烧粘。

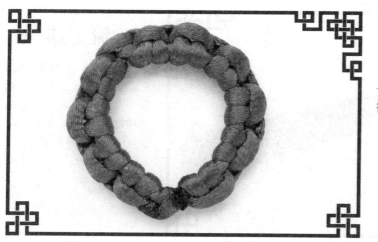

幸运珠结

幸运珠结，中国结的一种，结体成圆环状，象征着幸运，故得名。

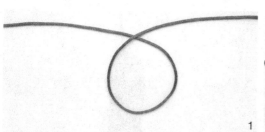

1

1. 取一根线，交叉绕圈。

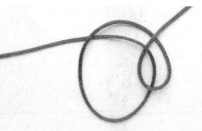

2

2. 如图，右线自下而上穿入第一个圈中，再向右穿进右边的圈中。

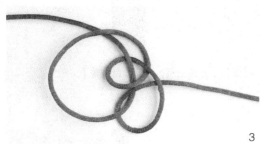

3

3. 如图，右线从上至下穿过第一个圈，再从下方穿过右边的圈中。

4

4. 拉紧线。

5

5. 重复 2～4 步骤，直到编出一个圈。

6

6. 将多余的线头剪掉，用打火机烧粘。

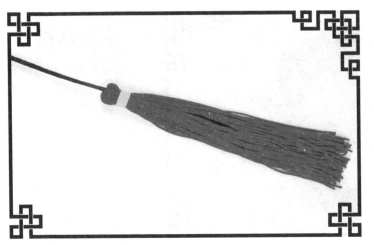

流　苏

　　流苏是一种下垂的以五彩羽毛或丝线等制成的穗子，常用于服装、首饰及挂饰的装饰。也是中国结中常见的一种编结方法。

1

2

1. 准备好一束流苏线。取一根5号线放进流苏线里，再用一根细线将流苏线的中间部位捆住。

2. 提起5号线上端，让流苏自然垂下。

3

4

3. 再取一根细线，用打秘鲁结的方法将流苏固定住。

4. 将流苏下方的线头剪齐即可。

实心六耳团锦结

　　团锦结结体虽小但结形圆满美丽，类似花形，且不易松散。团锦结可编成五耳、六耳、八耳，又可编成实心、空心的，这里介绍的是实心六耳团锦结。

1

2

3

4

1. 准备好一根线。

2. 将线对折。如图，右线自行绕出一个圈，再向上穿入顶部的圈中。

3. 如图，右线再绕出一个圈，并穿入顶部的圈和2步骤中形成的圈。

4. 如图，右线对折后再穿过顶部的圈和3步骤形成的圈。

5

6

5. 如图，右线穿过4步骤形成的圈，并让最后一个圈和第一个圈相连。

6. 最后，整理好六个耳翼的形状，将线拉紧即可。

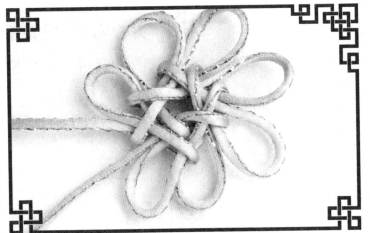

空心八耳团锦结

人们习惯在空心八耳团锦结中镶嵌珠石等饰物，使其流露出花团锦簇的喜气，是一个吉庆祥瑞的结饰。

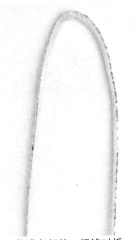

1

1. 将准备好的一根线对折。

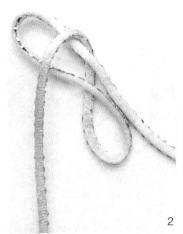

2

2. 如图，右线自行绕出一个圈后，向上穿入顶部的圈。

3

3. 如图，右线再绕出一个圈，穿入2步骤中右线绕出的第二个圈内。

4

4. 如图，右线再绕出一个圈，穿入3步骤中右线绕出的第三个圈内。

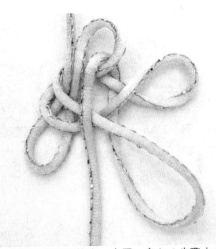

5

5. 如图，右线再绕出一个圈，穿入4步骤中右线绕出的第四个圈内。

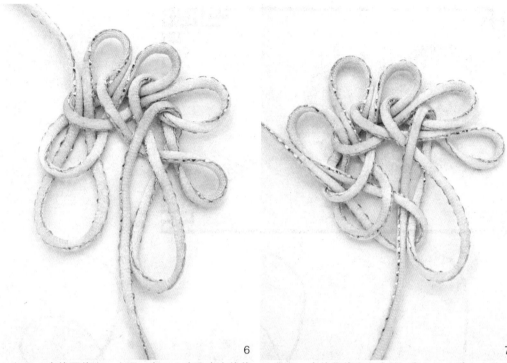

6. 如图，右线再绕出一个圈，穿入 5 步骤中右线绕出的第五个圈内。

7. 如图，右线再绕出一个圈，穿入 6 步骤中右线绕出的第六个圈内后，再穿过第一个圈。

8. 将结形调整，将八个耳翼拉出。

9. 最后将线拉紧即可，并注意八个耳翼的位置。

龟 结

龟结是中国结基础结的一种，因其外形似龟的背壳而得名，常用于编制辟邪铃、坠饰、杯垫等物。

1. 如图，将两线烧连对折摆放。

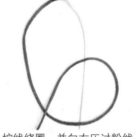

2. 棕线绕圈，并向右压过粉线。

3. 如图，粉线向左，从后方以挑一压一挑的顺序穿出。

4. 如图，棕线向右压过粉线，以压一挑一压的顺序穿出。

5. 如图，粉线向左上，从粉圈中穿出。

6. 如图，粉线再向下，以压一挑一挑一压的顺序穿出。

7. 将结形收紧、整理一下即可。

8. 在结的下方打一个双联结，一个龟结就完成了。

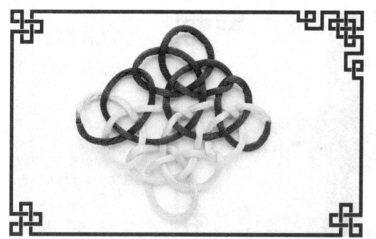

十全结

在战国以后，人们称钱为布或泉，取畅如"泉"水之意。十全结由五个双钱结组成，五个双钱结相当于十个铜钱，即"十泉"，因"泉"与"全"同音，故得名为"十全结"，寓意十全富贵、十全十美。

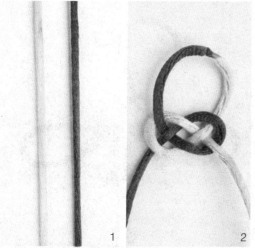

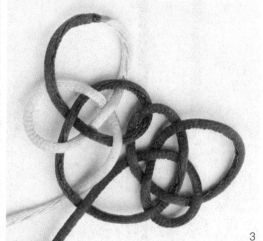

1. 将两线烧连对折摆放。

2. 如图，先编一个双钱结。

3. 如图，棕线向右压过黄线，再编一个双钱结，注意外耳相钩连。

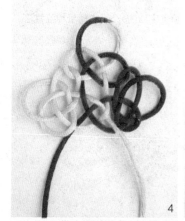

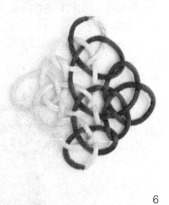

4. 如图，黄线绕过棕线，在左侧编一个双钱结，外耳也相钩连。

5. 接下来，黄线和棕线如图中相互挑压，将所有结相连。

6. 最后，黄线和棕线的两线头烧粘在一起，即成。

吉祥结

吉祥结是中国结中很受欢迎的一种结饰。它是十字结的延伸，因其耳翼有七个，故又名为"七圈结"。吉祥结是一种古老的装饰结，常出现于中国僧人的服装及庙堂的饰物上，有吉利祥瑞之意。

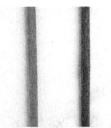

1

1. 准备两根颜色不一的 5 号线。

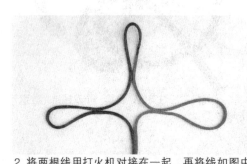

2

2. 将两根线用打火机对接在一起，再将线如图中的样子摆放好。

3

3. 将四个耳翼按照编十字结的方法，逆时针相互挑压。

4

4. 将四个耳翼拉紧。四个耳翼按照顺时针的方向相互挑压。

5

5. 将线拉紧，再将七个耳翼拉出。

如意结

如意结由四个酢浆草结组合而成，是一种很古老的中国结饰。它的应用很广，几乎各种结饰都可与之搭配。如意状似灵芝，灵芝是传说中的长生不老之药，乃吉祥瑞草。中国结中的如意结正取此意，寓意为吉祥、平安、如意。

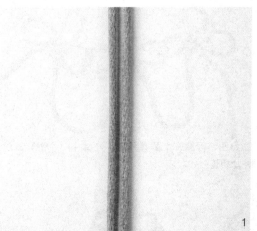

1. 将准备好的一根线对折摆放。

2. 先打一个酢浆草结。

3. 在打好的酢浆草结左右两侧分别打一个酢浆草结，如图中摆放。

4. 以打好的三个酢浆草结为耳翼，打一个大的酢浆草结即成。

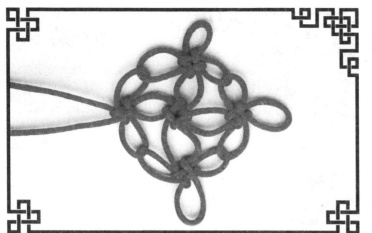

绣球结

相传，雌雄二狮相戏时，其绒毛会结成球，称之为绣球，小狮子正是从绣球中诞生，故绣球被视为吉祥之物。绣球结以五个酢浆草结组合而成，编制时耳翼大小需一致，相连方向也要相同，结形才会成圆美。

1. 如图，先编两个酢浆草结，注意其外耳需相连。

2. 如图，再编一个酢浆草结，与其中一个酢浆草结外耳相连。

3. 如图，以编好的三个酢浆草结为耳翼编一个大的酢浆草结。

4. 如图，将左右两根线穿入最下方的两个耳翼中。

5. 如图，最后编一个酢浆草结，使得所有结的耳翼都相连，即成。

四耳三戒箍结

　　戒箍结是中国结基础结的一种，又叫梅花结，通常与其他中国结一起用在服饰或饰品上。戒箍结有很多种编法，这里介绍的是四耳三戒箍结。

1

2

3

1. 准备好一根扁线。

2. 如图，左线绕右线成一个圈，再穿出。

3. 左线以挑一根线一压两根线，挑一根线一压一根线的顺序穿出。

4

5

4. 左线继续以压一挑一压一挑一压一挑一压的顺序从右向左穿出。

5. 整理结形，将线拉紧，最后将两个绳头烧粘在一起。

五耳双戒箍结

戒箍结有很多种编法，下面介绍的一种名叫五耳双戒箍结。

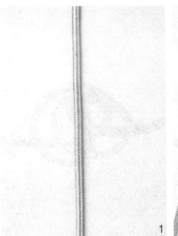

1. 准备好一根扁线。

2. 如图，左线绕右线成一个圈。

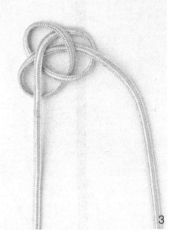

3. 如图，右线以压一挑的顺序从左线后端穿出。

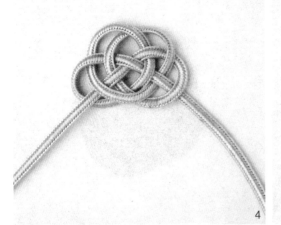

4. 如图，左线以挑一压一挑一压一挑一压的顺序从右线上方穿过。

5. 整理结形，将两线头烧粘在一起即可。

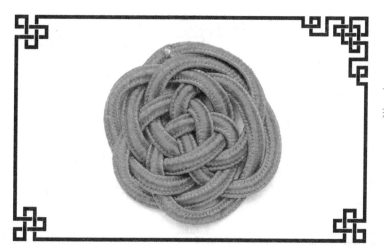

五耳三戒箍结

戒箍结有很多种编法，下面介绍的这种叫作五耳三戒箍结。

1. 准备好一根扁线。

2. 如图，左线绕右线形成一个圈。

3. 如图，左线以逆时针的方向，按照压一挑一压一挑一压的顺序穿出。

4. 如图，左线继续以逆时针的方向，按照挑一压一挑两根线一压一挑一压的顺序穿出。

5. 如图，左线继续以逆时针的方向，按照压一挑一压一挑一压一挑一压一挑一压的顺序穿出。

6. 最后，整理结形，将两线头烧粘即可。

71

八耳单戒箍结

戒箍结有很多种编法，接下来介绍的是八耳单戒箍结。

1

2

3

1. 准备60cm扁线一根。

2. 右线绕左线一圈半。

3. 右线以压一挑一压的顺序从2步骤绕出的圈中穿出。

4

5

6

4. 右线如图，继续以挑一压一挑一压的顺序穿出。

5. 右线向右下方继续以挑一压一挑一压的顺序穿出。

6. 最后，调整结形，将线头剪短烧粘，藏于结内即可。

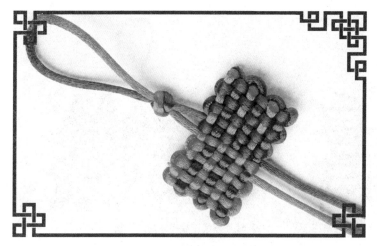

一字盘长结

盘长结是中国结中最重要的基本结之一。因为它的形状似佛教八宝之一的盘长，所以象征着回环贯彻，万物的本源。盘长结是许多变化结的主结，在视觉上具有紧密对称的特性，被大众所喜爱。盘长结分为一字盘长结，复翼盘长结，二回、三回、四回等盘长结。

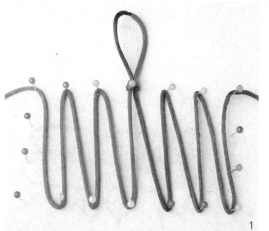

1. 将对接成一根的线打一个双联结，将线如图中所示缠绕在珠针上。

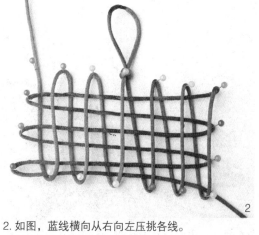

2. 如图，蓝线横向从右向左压挑各线。

3. 如图，粉线横向从左向右压挑各线。

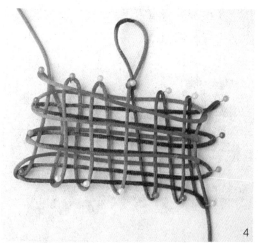

4. 这是粉线压挑完毕后的形状。

5. 如图，粉线竖向自下而上压挑各线。

7. 粉线和蓝线压挑完毕后的形状。

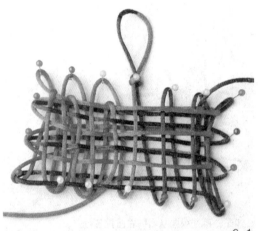

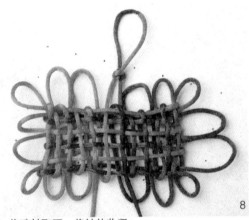

8. 将珠针取下，将结体收紧。

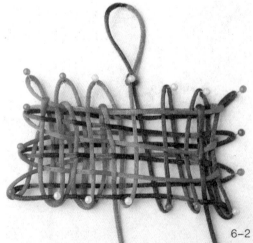

6. 如图，粉线穿至中心部位时，蓝线开始自下而上压挑各线。

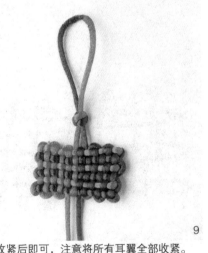

9. 将结体收紧后即可，注意将所有耳翼全部收紧。

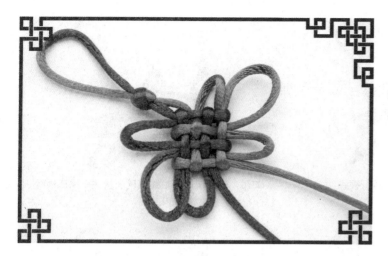

二回盘长结

掌握了一字盘长结的编法，二回盘长结就比较易学了。

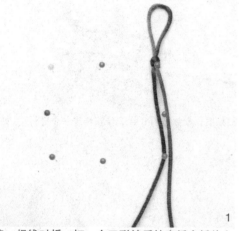

1. 将一根线对折，打一个双联结后挂在插在插垫上的珠针上。

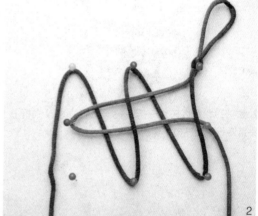

2. 如图，将蓝线挂在珠针上，接着粉线以挑一压一挑一压的顺序从右向左穿过蓝线。

3. 如图，粉线按照 2 步骤，再走两行横线。

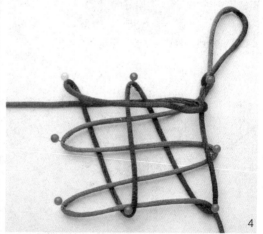

4. 如图，蓝线从左向右，再从最下方向左穿出。

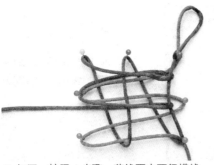

5

6

5. 如图，按照 4 步骤，蓝线再走两行横线。

6. 如图，粉线按挑一根线—压一根线—挑三根线—压一根线的顺序向上穿出。

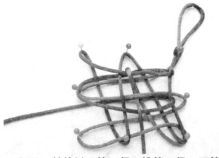

7

8

7. 如图，粉线以压第一行—挑第二行—压第三行—挑第四行的顺序向下穿出。

8. 如图，粉线按照 6 ～ 7 步骤再走一个竖行。

9

9. 如图，粉线按照 6 ～ 8 步骤再走两个竖行。

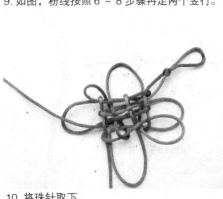

10

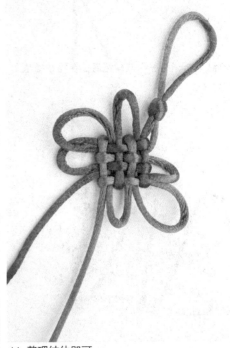

11

10. 将珠针取下。

11. 整理结体即可。

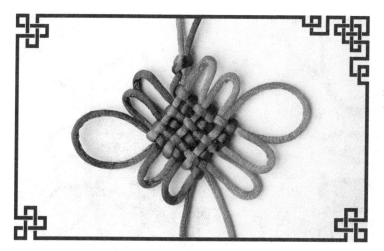

三回盘长结

盘长结结法多样，只要掌握其中一种编法，其他便可轻松学会。

1. 将烧连好的两根线对折后，打一个双联结，然后如图中所示，挂在珠针上。

2. 如图，首先粉线开始从上向下绕线。

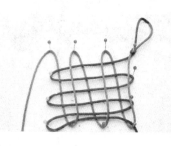

3. 如图，蓝线从左到右穿出。

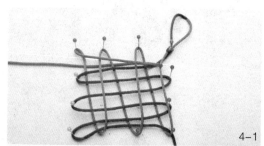

4. 如图，粉线从右到左穿出。

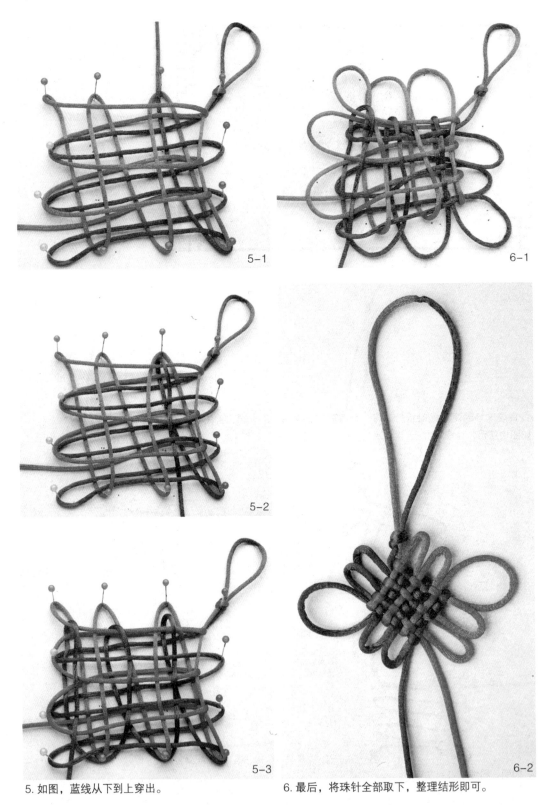

5-1

6-1

5-2

5-3

6-2

5. 如图，蓝线从下到上穿出。

6. 最后，将珠针全部取下，整理结形即可。

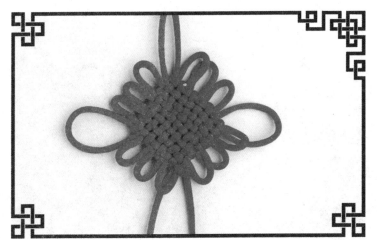

四回盘长结

接下来学习四回盘长结的编法。

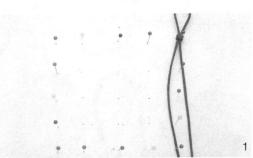

1. 将准备好的线，对折后打一个双联结，如图中所示挂在珠针上。

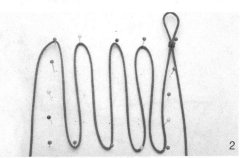

2. 如图，左线开始从下往上绕线。

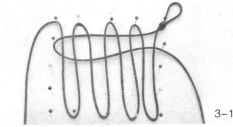

3. 如图，右线从右到左穿出。

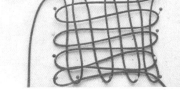

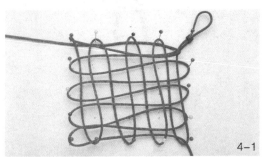

4. 如图，左线从左到右穿出。

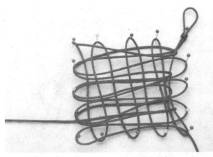

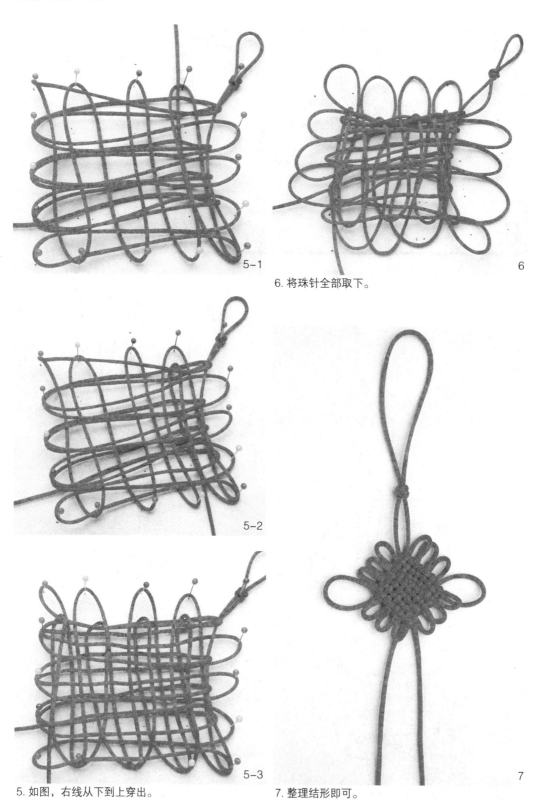

5-1

6

6. 将珠针全部取下。

5-2

5-3

5. 如图，右线从下到上穿出。

7

7. 整理结形即可。

复翼盘长结

最后学习的盘长结叫作复翼盘长结。

1. 准备好一根 200cm 的 5 号线，将其对折。

2. 对折后，打一个双联结，并如图中所示绕在珠针上。

3. 如图，左线从左到右再从右到左穿回来。

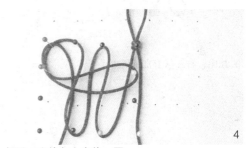

4. 如图，左线向上方绕一圈。

5. 如图，左线再绕一圈。

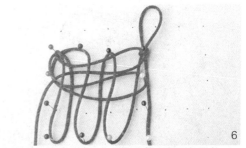

6. 如图，左线在上方从左到右再从右到左穿回来。

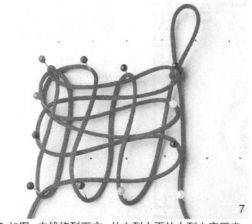

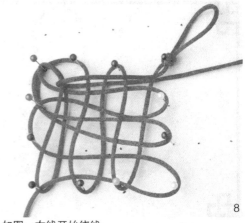

7. 如图，左线绕到下方，从左到右再从右到左穿回来。 8. 如图，右线开始绕线。

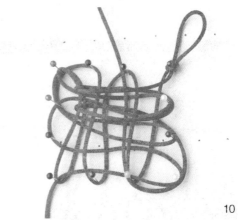

9. 如图，右线从上方绕到中间。 10. 如图，右线开始从下往上穿线。

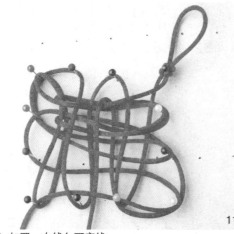

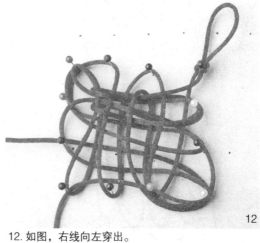

11. 如图，右线向下穿线。 12. 如图，右线向左穿出。

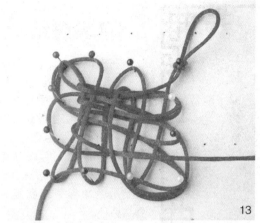

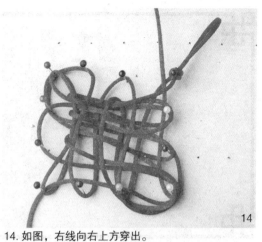

13. 如图，右线向右穿出。

14. 如图，右线向右上方穿出。

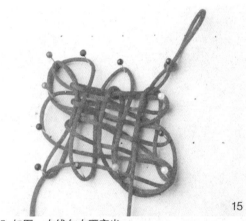

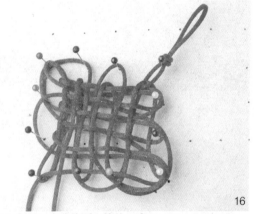

15. 如图，右线向右下穿出。

16. 如图，右线绕到左线的一边。

17. 将珠针全部取下。

18. 整理结形即可。

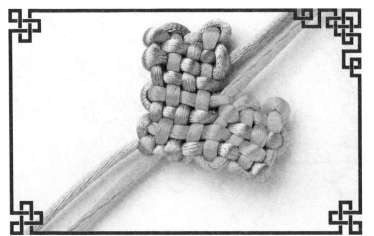

单翼磬结

在中国古代，"磬"是一种打击乐器，也是一种吉祥物。磬结由两个长形盘长结交叉编结而成，因形似磬而得名。因为"磬"与"庆"同音，所以其象征着平安吉庆、吉庆有余。磬结分为单翼磬结和复翼磬结两种。

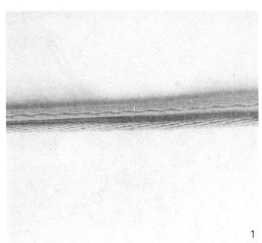

1. 取两根 5 号线，对接在一起。

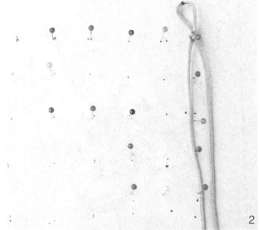

2. 将两根线打一个双联结后，挂在珠针上。

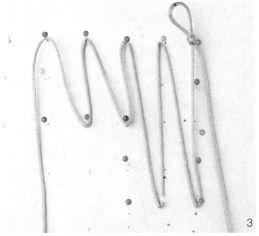

3. 如图，粉线从上到下，最先绕线。

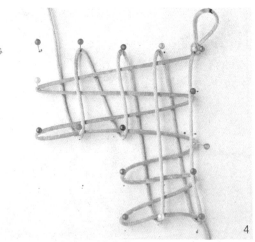

4. 如图，绿线从左到右绕线。

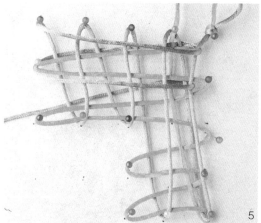

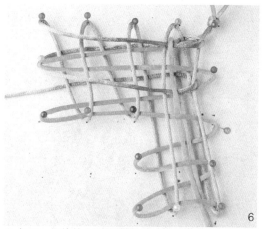

5. 如图，粉线从左到右绕线。

6. 如图，绿线从上到下绕线。

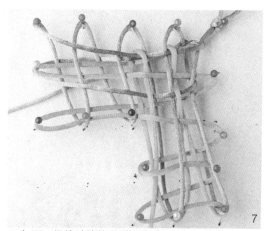

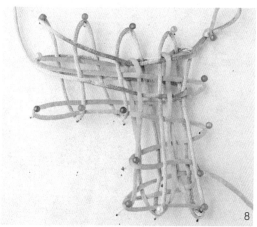

7. 如图，绿线继续从上到下绕线。

8. 如图，绿线从右下方开始，从左到右绕线。

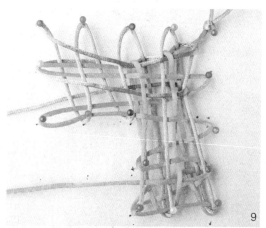

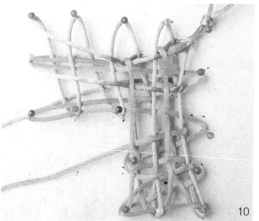

9. 如图，绿线继续向上绕线。

10. 如图，绿线从左到右穿出。

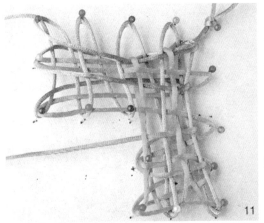

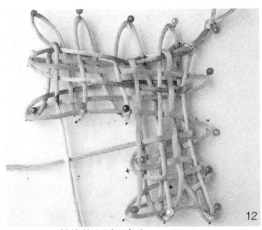

11. 如图，粉线从上到下穿出。

12. 如图，粉线从上到下穿出。

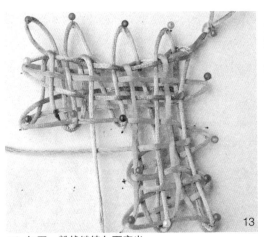

13. 如图，粉线继续向下穿出。

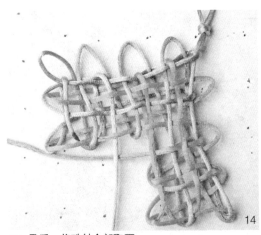

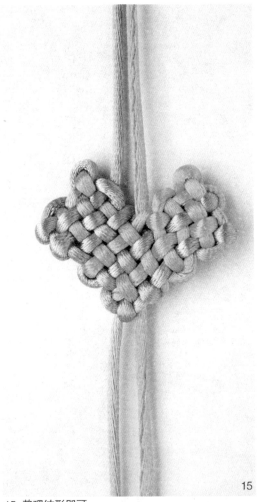

14. 最后，将珠针全部取下。

15. 整理结形即可。

复翼磬结

磬结有两种，接下来介绍复翼磬结。

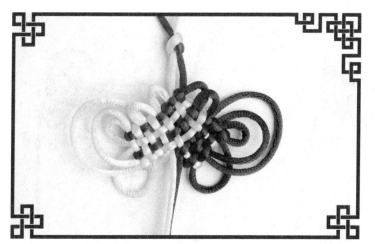

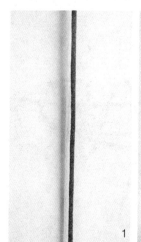

1

2

1. 将两根不同颜色的线烧连在一起。

2. 打一个双联结。

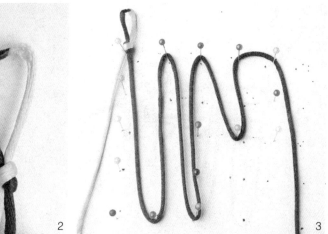

3

3. 如图，将线绕到珠针上。

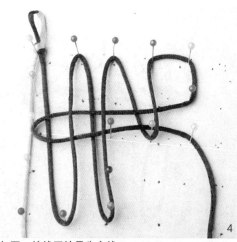

4

4. 如图，棕线开始最先穿线。

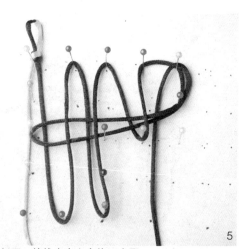

5

5. 如图，棕线在右上方绕一个圈。

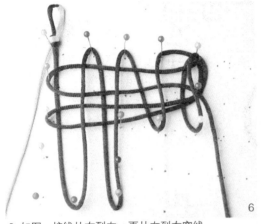

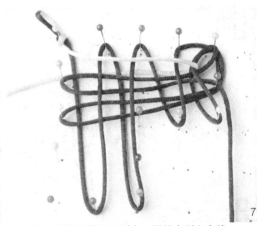

6. 如图，棕线从右到左，再从左到右穿线。

7. 如图，绿线开始从左到右，再从右到左穿线。

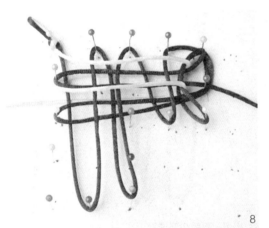

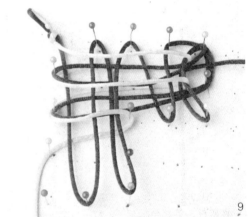

8. 如图，绿线继续从左到右，再从右到左穿线。

9. 如图，绿线在左下方，从左到右，再从右到左穿线。

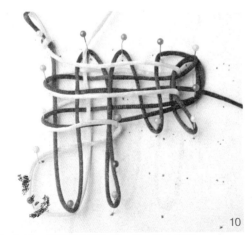

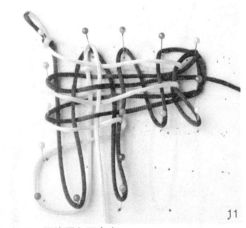

10. 如图，绿线在左下方绕一圈，向上穿出。

11. 如图，绿线再向下穿出。

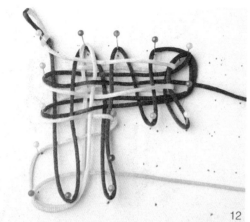

12

12. 如图，绿线从左到右穿出。

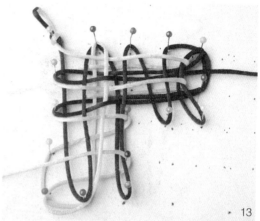

13

13. 如图，绿线从右到左穿出。

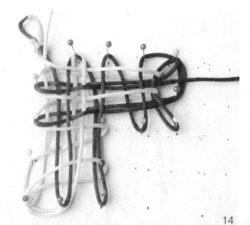

14

14. 如图，绿线向上穿出。

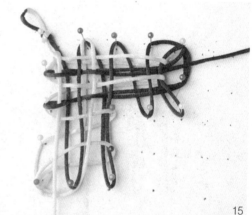

15

15. 如图，绿线再向下穿出。

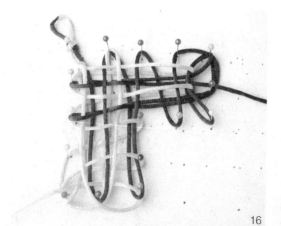

16

16. 如图，绿线在左下方绕一圈，并向左穿出。

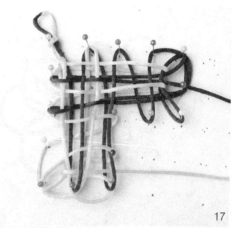

17

17. 如图，绿线向右穿出。

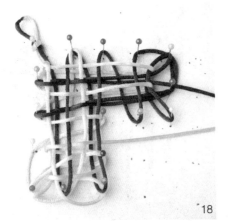

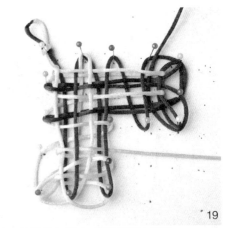

18. 如图，绿线从左到右，再从右到左穿出。

19. 如图，棕线从上到下，再从下到上穿出。

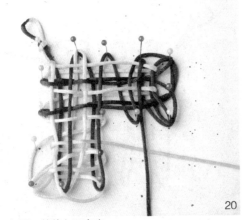

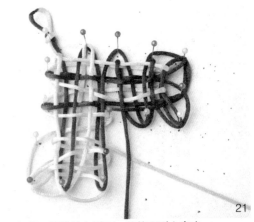

20. 如图，棕线向下穿出。

21. 如图，棕线从上到下，再从下到上穿出。

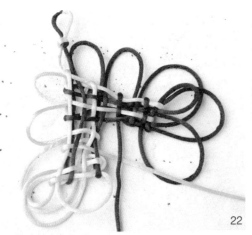

22. 将珠针全部取下。

23. 整理结形即可。

鱼 结

自古以来，鱼被视为祥瑞之物，寓意为"年年有余"，因此鱼结很受人们欢迎。

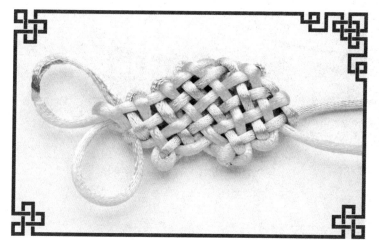

1. 如图中所示，插好珠针。再将两根烧连在一起的5号线绕在珠针上，如图中所示的样子。

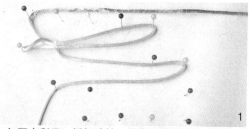

2. 绿线从下方绕过所有的绿线。

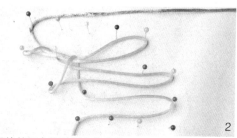

3. 如图，粉线从上至下绕线。

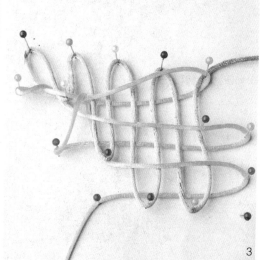

4. 如图，绿线以同样的方法在粉线上方绕线。

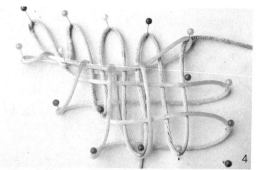

5. 如图，粉线从右到左横向穿过。

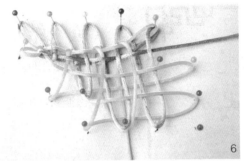

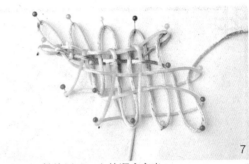

6. 如图，粉线再从左到右穿过。

7. 如图，粉线以下一上的顺序穿出。

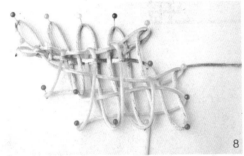

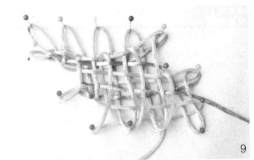

8. 如图，绿线以上一下的顺序穿出。

9. 如图，粉线先从右到左，再从左到右穿出。

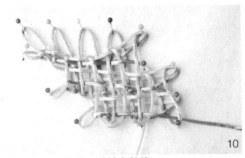

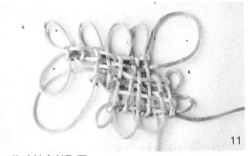

10. 如图，同9步骤，继续穿粉线。

11. 将珠针全部取下。

12. 小心将结体抽紧，一条小鱼就成了。

网 结

网结因状似一张网而得名，此结非常实用，因此比较常见。

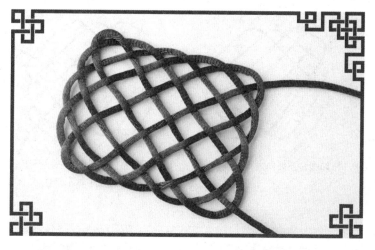

1. 准备好一根线，将线如图中所示对折挂在珠针上。

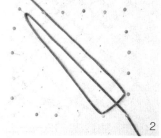

2. 如图，左线向右，压过右线向上绕。

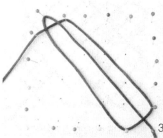

3. 如图，左线向右绕。

4. 如图，左线向左下方绕。

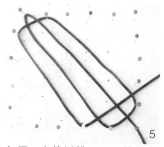

5. 如图，左线以挑一压一挑的顺序向右穿过。

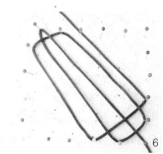

6. 如图，左线向右上方绕。

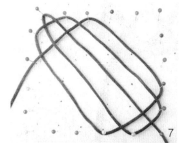

7. 如图，左线以挑一压一挑一压的顺序向左穿过。

8. 如图，左线向左下方绕。

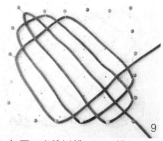

9. 如图，左线以挑一压一挑一压一挑的顺序向右穿过。

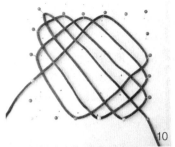

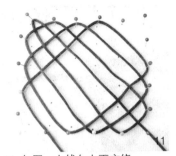

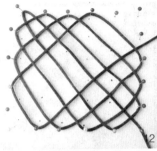

10. 如图，左线向右上方绕，然后以挑一压一挑一压一挑一压的顺序向左穿过。

11. 如图，左线向左下方绕。

12. 如图，左线以挑一压一挑一压一挑一压一挑的顺序向左穿过。

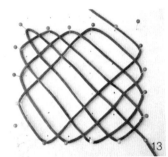

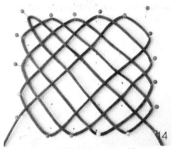

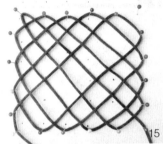

13. 如图，左线向右上方绕。

14. 如图，左线以挑一压一挑一压一挑一压一挑一压的顺序向右穿过。

15. 如图，左线向右下方绕。

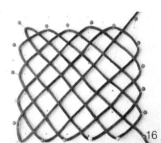

16. 如图，左线以挑一压一挑一压一挑一压一挑的顺序向右穿过。

17. 将珠针全部摘下。

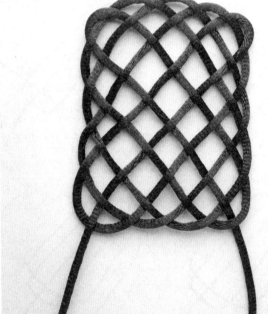

18. 整理结形，即成。

第三章

手 链

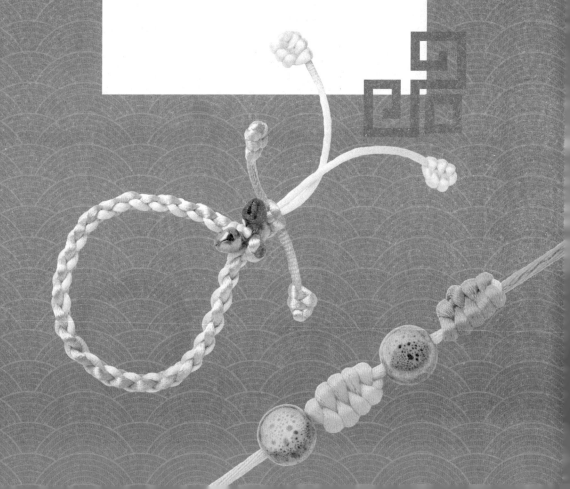

梦绕青丝

自别后，思念同竹瘦，
却又刚烈得从不向什么而
低头。唯有那年青丝，用
尽余生来量度。

材料：两根6号线，一
颗瓷珠

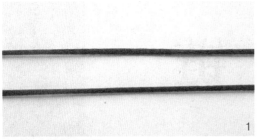

1

1. 准备好两根6号线。

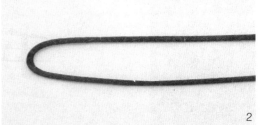

2

2. 将一根线对折，作为中心线。

3

3. 留一小段距离，另一根线在其上打单向平结。

4

4. 编到合适的长度之后，穿入一颗瓷珠。

5

5. 将多余的线剪去。

6

6. 两端烧粘，即成。

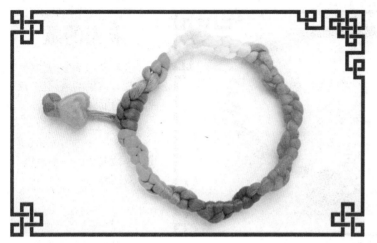

缤纷的爱

我问，爱到底是什么颜色的？是蓝的忧郁，还是黄的明快？抑或是绿的清新，紫的神秘？而你说，爱是一种难以言说的缤纷。

材料：一根 20cm 细铁丝，一根 100cm 五彩 5 号线，一颗塑料珠

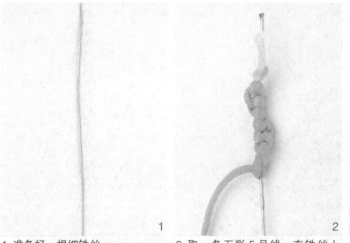

1. 准备好一根细铁丝。

2. 取一条五彩 5 号线，在铁丝上编雀头结。

3. 编至与铁丝相等的长度，注意在铁丝的两端留出空余。

4. 用尖嘴钳将铁丝的两端拧在一起。

5. 最后，调整好铁丝的形状，在剩余的五彩线底部串珠、打结即可。

未完的歌

我听见安静的天空里，吹过没有节拍的风，仿若一曲未完的歌。

材料：一根 70cm 五彩线，一段股线，一个黑色串珠，双面胶

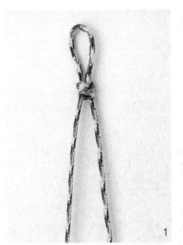

1.将五彩线对折，留出一小段距离，开始编蛇结。

2.编出一小段蛇结即可。

3.在余下的线上贴上双面胶。

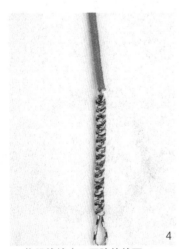

4.将股线缠在双面胶的外面。

5.最后，黑珠穿入作为结尾即可。

随 空

风来疏竹，风过而竹不留声；雁照寒潭，雁去而潭不留影。故君子事来而心始现，事去而心随空。

材料：一根红色70cm五号线，一个藏银管

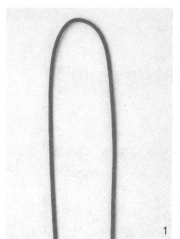

1. 将5号线对折。

2. 将对折的线留出一小段距离，开始编金刚结。

3. 编好一段金刚结后，穿入一个藏银管。

4. 穿好后，接着编金刚结。

5. 编好合适长度的金刚结后，打一个纽扣结作为结尾。

6. 将多余的线头剪去，用打火机烧粘即可。

宿 命

我的心切慕你,如鹿切慕溪水,不为旁的,只为你不经意的一瞥。

材料:一根170cm的5号线,五个彩色铃铛,五个小铁环

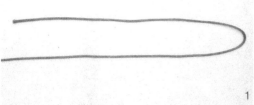

1

1. 将线对折,注意要一边长一边短。

2

2. 在对折处打一个单结,并留出一小段距离。

3

3. 长线在短线上打单向雀头结。编一段后,将铃铛穿入。

4

4. 重复3步骤,将手链主体部分完成。

5-1

5. 最后打一个纽扣结作为收尾。

5-2

憾 事

没有如果，没有未来，
万灯谢尽，时光流不来你。

材料：两根不同颜色的
5 号线，两个不同颜色的小
铃铛

1

2

3

1. 在一根线上穿入两颗
小铃铛，将铃铛穿至线的
中间处。

2. 在穿铃铛的位置下方
打一个蛇结。

3. 将另一根线从蛇结下方插入。

4

5

4. 开始编四股辫。

5. 编至足够长度后，将粉线打结，剪去多余线头用
打火机烧粘。

6

7

6. 用粉线在绿线的尾部打一段平结，注意不要将线
头剪去。

7. 将绿线和粉线的尾端各打一个凤尾结作为结尾。

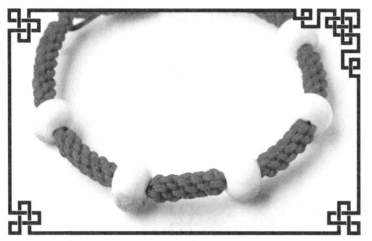

红香绿玉

窗外春日暖阳炫人眉目、沁人心神，眼望去，泛桃红夹碧绿，正是缤纷意境，只是，人何在？

材料：五个大高温结晶珠，四个小高温结晶珠，四根 100cm 玉线

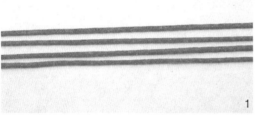

1. 准备好四条玉线。

2. 用四根线打一个蛇结。

3. 然后开始编玉米结。编一段玉米结后穿入一颗高温结晶珠，再编玉米结。

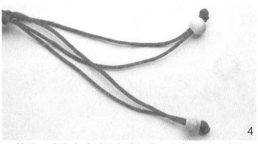

4. 按照 3 步骤完成手链主体部分，共穿入五颗珠子。然后，每两根线结尾穿一个小高温结晶珠。

5. 最后，用一段线打平结将手链的首尾两端连结。

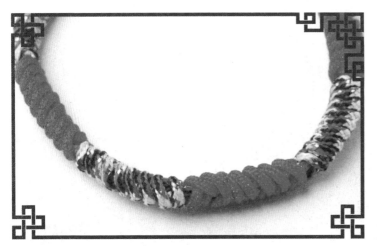

浮 世

留人间多少爱，迎浮世千重变。和有情人，做快乐事，别问是劫是缘。

材料：一根五彩线，一根玉线，一颗珠子

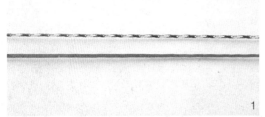

1

1. 将两根线同时取出。

2

2. 在两根线的中央编一段金刚结。

3

3. 编好后，如图，将其弯成一个圈，然后用外侧的两根红线以五彩线为中心线编金刚结。

4

4. 编好一段后，再以红线为中心线，用五彩线编金刚结。

5

5. 重复3~4步骤，编到合适的长度后，穿入一颗珠子。

6

6. 尾端烧粘即可。

将 离

四月暮春，芍药花开，别名将离。这盛世仅仅一瞬却仿佛无际涯。

材料：两根120cm玉线，一个胶圈，五颗绿松石

1

2

3

1. 拿出准备好的玉线，将绿松石放入胶圈之内。

2. 如图，一根玉线穿起绿松石，并绑在胶圈之上。

3. 两根玉线分别从两个方向在胶圈上打雀头结。

4

5

4. 将胶圈完全包住后，胶圈左右两边的线开始打蛇结。

5. 将蛇结打到合适的长度后，取一段线打平结使手链的首尾相连。

6-1

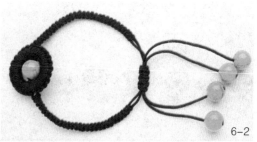

6-2

6. 最后，在每根线的尾端分别穿入一颗绿松石，烧粘即成。

我的梦

我要的不过是一个做在天上的梦，和一盏亮在地上的灯。

材料：一根100cm五彩线，七颗黑珠

1

1. 拿出五彩线。

2. 对折，留出一小段距离开始编金刚结。

2

3

3. 编好一段金刚结后，穿入一颗黑珠。

4-1

4-2

4. 重复2～3步骤，编到合适的长度。

5

5. 最后以一颗黑珠作为结尾，烧粘即可。

万水千山

素手执一杯，与君醉千日。将此杯饮尽，在这千日的温暖中，你与我携手，缓缓地，经历这感情的万水千山。

材料：一根 80cm 玉线，三颗木珠

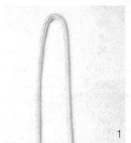

1. 将一根线对折。

2. 留出一段空余后，开始编金刚结。

3. 编完一段金刚结后，穿入一颗木珠。

4. 编一个发簪结，注意将结抽紧。

5. 编完发簪结，再穿入一颗木珠，然后开始编金刚结。

6-1

6-2

6. 编完金刚结后，最后穿入一颗木珠，烧粘即可。

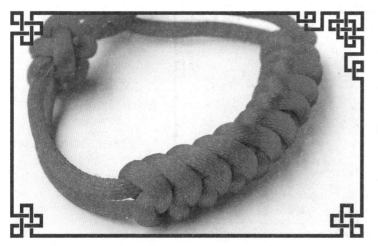

峥 嵘

　　和时间角力，与宿命徒手肉搏，算来注定是伤痕累累的，但谁也不会放弃生命这场光荣的出征。

　　材料：一根 110cm 的 4号线

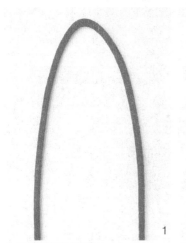  

1

2

3

1. 将准备好的线对折。

2. 在对折处，留出一段空余，然后打一个纽扣结。

3. 在纽扣结下方 5cm 处开始打金刚结。

4-1

4-2

4. 打一段金刚结后，最后以纽扣结作结尾，注意中间要留出 5cm 的间隙。

缱 绻

"书被催成墨未浓"，
内心情多，缱绻成墨，只
肯为君写淡淡。

材料：三根粉色玉线，
四根蓝色玉线，各150cm，
两颗白珠

1

3

1.取三根粉色玉线，四根蓝色玉线，
开始编方形玉米结。

3.用蓝线打一个蛇结。

4

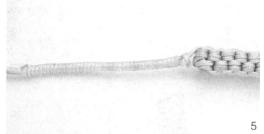

5

4.在两边链绳上缠上双面胶。

5.用同色的蓝线将两边的链绳缠上。

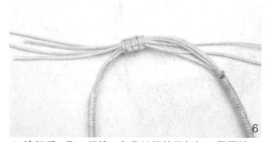

6

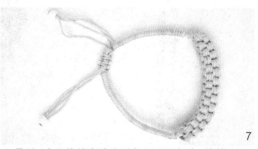

7

6.缠好后，取一根线，包住链绳的尾部打一段平结。

7.最后，在尾线的末端分别穿入两颗白珠，烧粘即可。

女儿红

那日，你启一坛封存十八载的女儿红，恰如启我的一生。你可知，我心如酒色之澄澈，随着久远的时间而日渐浓烈。

材料：四根五号线，一根80cm，三根160cm

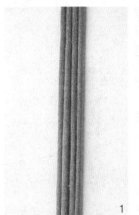

1

2

3

4

1. 将四根线准备好。

2. 将80cm的线在中心处对折，留一小段距离然后打一个双联结。

3. 间隔2cm再打一个双联结，如图中所示。

4. 将三根160cm的5号线穿入两个双联结之间的空隙中，如图中所示。

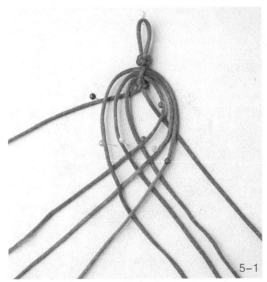

5-1

5-2

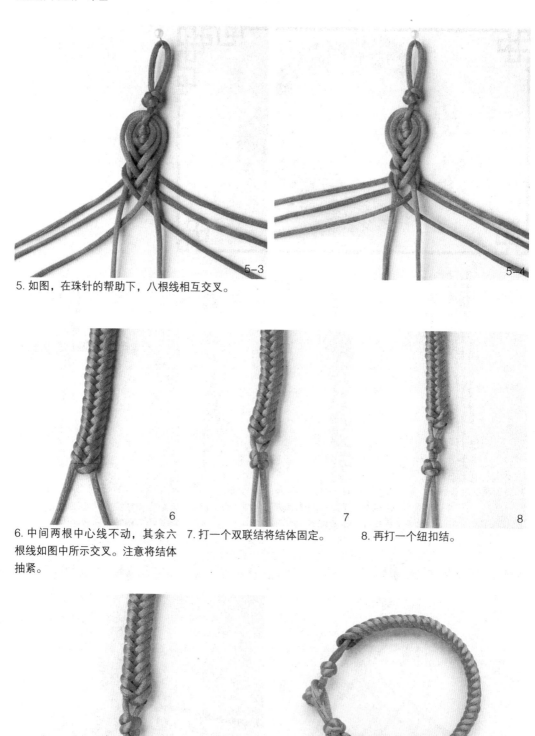

5-3

5-4

5. 如图，在珠针的帮助下，八根线相互交叉。

6

7

8

6. 中间两根中心线不动，其余六根线如图中所示交叉。注意将结体抽紧。

7. 打一个双联结将结体固定。

8. 再打一个纽扣结。

9-1

9-2

9. 将纽扣结下方多余的线剪去，烧粘即可。

一往情深

所谓一往情深者，究竟能深到几许呢？耗尽一生情丝，舍却一身性命，算不算？

材料：不同颜色的玉线两根，方形玉石三颗，小铃铛四个

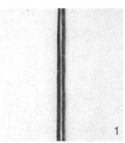

1

3

1. 先拿出两根玉线作为底线。

2. 如图，用一根玉线在另一根玉线上打双向平结。

3. 打好一段双向平结后，剪去多余的线。

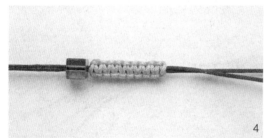

4

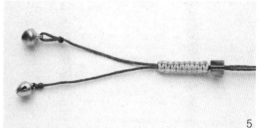

5

4. 穿入一颗方形玉石，继续打双向平结，隔合适长度穿一颗方形玉石。

5. 在每条线的末端穿入铃铛。

6-1

6-2

6. 最后用多余的线打双向平结，将手链连结。

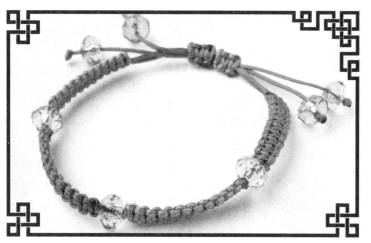

君不见

君不见，白云生谷，经书日月；君不见，思念如弹指顷，朱颜成皓首。

材料：四根玉线，一根30cm，三根60cm，七颗塑料串珠

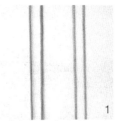

1. 准备好四根玉线，共两种颜色。

2. 以30cm的玉线作为中心线，用另一种颜色的玉线在其上打平结。

3. 打好一段平结后，将线头剪去，烧粘。

4. 穿入一颗塑料珠。

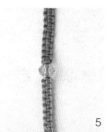

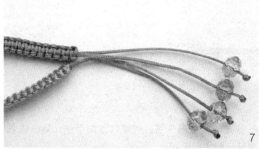

5. 再用不同颜色的玉线继续打一段相同长度的平结，将线头剪去，烧粘。

6. 再穿入一颗塑料珠。接着打一段平结，穿入一颗塑料珠，再打一段平结。注意，线的颜色要相间。

7. 将每根线的尾端穿入一颗塑料珠，并打单结固定。

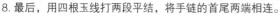

8. 最后，用四根玉线打两段平结，将手链的首尾两端相连。

随 风

随着风，徒步于原野，
望云卷云舒，看日出日落，
待明月如客，而至而去……

材料：颜色不同的玉线
各两根，白色串珠十颗

1. 如图，将两根蓝色玉线放在中间，其余两根淡紫色玉线分别从两个方向在其上打一段雀头结。

2. 将一颗白色串珠穿入蓝线内，然后如图将蓝线绕过浅紫色的线，并打雀头结固定。

3. 重复以上的步骤，完成手链的主体部分。

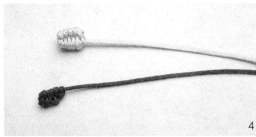

4. 在线尾处打凤尾结作为收尾。

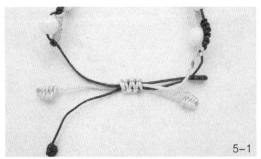

5. 最后进行收尾，取一小段浅紫色玉线打双向平结，将手链首尾连结。

清如许

何处清如许，我身独如月。若你再问此生为何，唯愿一壶清酒一竿风，与君日日情意浓。

材料：一根 100cm 的玉线，两根 50cm 的玉线，三个琉璃珠，四个透明塑料珠

1

1. 将两根 50cm 的玉线作为中心线。

2

2.100cm 的玉线在中心线上打平结。

3

3. 打到一定程度后穿入一颗琉璃珠，再接着打平结。

4

4. 直到将三个琉璃珠穿完，将线头剪去，烧粘。并在中心线的尾端各穿入一个透明塑料珠。

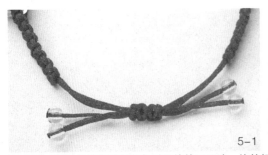

5-1

5-2

5. 最后，用一段线打平结包住手链的首尾两端，使其相连。

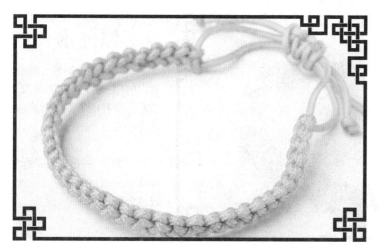

许 愿

一愿世清平，二愿身强健，三愿临老头，数与君相见。

材料：150cm 玉线一根

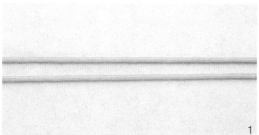

1

1. 将准备好的玉线对折成两根。

2

2. 留出一小段距离，开始编锁结。

3

3. 编到合适的长度即可。

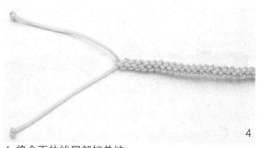

4

4. 将余下的线尾部打单结。

5-1

5-2

5. 最后，用一段线打平结将手链的首尾相连。

似 水

剪微风，忆旧梦，愁意浓，时空变幻，你我离散，唯有静静看年华似水，将思念轻轻拂过……

材料：一根 70cm 的 5 号线，一个藏银管，六个银色金属珠

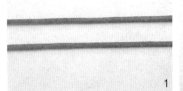

1

1. 将 5 号线对折成。

2

2. 留出一小段距离，打一个双联结。

3

3. 隔 3cm 处，打一个纽扣结。

4

4. 穿入一颗银色金属珠。

5

5. 再打一个纽扣结，然后穿入一个银色金属珠。

6

7-1

7-2

6. 再打一个纽扣结后，穿入藏银管，并打一个纽扣结固定。

7. 重复 3 ~ 5 步骤，直到完成手链的主体部分。最后打一个纽扣结作为结尾。

朝 暮

若离别，此生无缘，
不求殿宁宏，不求衣锦荣，
但求朝朝暮暮生死同。

材料：一根60cm的5
号线，三个铃铛，一段股
线，一颗瓷珠

1. 准备好三个铃铛和5号线。

2. 将线对折后，在对折处留一小
段距离，打一个双联结。

4. 将手链的主体部分全部缠绕上
股线。

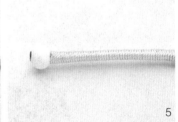

3. 在双联结下方开始缠绕股线。

5. 在手链的尾端穿入一颗瓷珠，
烧粘。

6. 将铃铛挂在手链上。

7. 注意三个铃铛之间的间距要等长。

我怀念的

你早已躲到了世风之外，远远地离开了故事，而我已经开始怀念你，像怀念一个故人……

材料：四根 5 号线，七颗大珠子，八颗小珠子

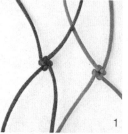

1. 每两根同色线各编一个十字结。

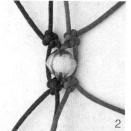

2. 如图，将一颗大珠子分别穿入两个结上的一根线，之后继续编十字结。

3

3. 重复 2 步骤，编至合适的长度。

4

4. 以两个十字结作为手链主体的结尾，并留出大约 15cm 线。

5

5. 另取一段线，打平结将手链的首尾包住，使其相连。

6-1

6-2

6. 最后，在每根线上各穿入一颗小珠子，烧粘即可。

缄 默

我们度尽的年岁，好像一声叹息，所有无法化解和不被懂得的情愫都不知与何人说，唯有缄口不言。

材料：八根玉线，两颗塑料珠

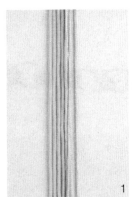

1. 准备好玉线。

2. 将三根同色玉线对折，取出第四根玉线在其上打平结。打一段平结后，将玉线分成两边分别打平结，如图中所示。

3. 打到合适的长度后，再把两股线合并起来打平结。

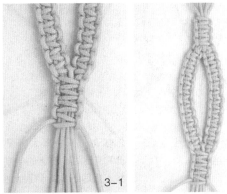

4. 取出另一种颜色的四根玉线，三根对折做中心线，第四根在其上打平结。打平结的方法与前面相同。

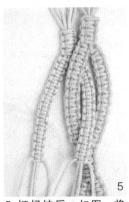

5. 打好结后，如图，将其穿入之前不同颜色的结体中。

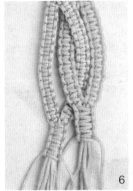

6. 后编的线继续打平结。

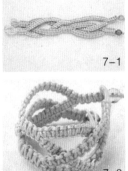

7. 重复上述步骤，编至合适的长度即可。最后在每种颜色的线尾各穿入一颗塑料珠即可。

青 春

此刻的青春，像极了一首仓促的诗。没有节拍，没有韵脚，没有对仗，没有起承转合，瞬间挥就，也不需要什么人传颂。

材料：两根 100cm 皮绳，三颗大孔瓷珠

1. 先拿出一根皮绳。

2. 将一根皮绳对折，留一小段距离后打一个蛇结。

3. 将另一根皮绳插入其中。

4. 开始编四股辫。

5. 编到一定长度后，穿入一颗瓷珠。

6. 开始编圆形玉米结。

7. 编到一定长度后再穿入一颗
瓷珠。

8. 继续编圆形玉米结。

9. 穿入第三颗瓷珠。

10. 然后，编四股辫。

11. 最后，打一个单扣作为结尾。

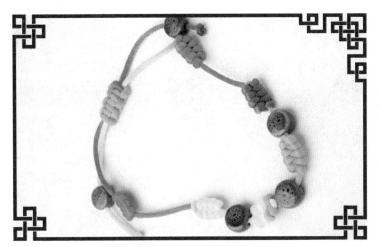

娇 羞

最是那一低头的温柔，像一朵水莲花不胜凉风的娇羞。

材料：一根 120cm 的七彩 5 号线，五颗扁形瓷珠

1. 将七彩线和瓷珠都准备好。

2. 在七彩线一端 20cm 处打一个凤尾结。

3. 相隔 3cm 处再打一个凤尾结。

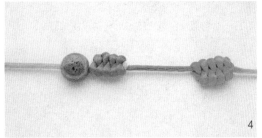

4. 如图，穿入一颗瓷珠。

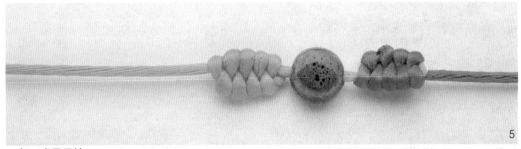

5. 打一个凤尾结。

6. 穿入一颗瓷珠。

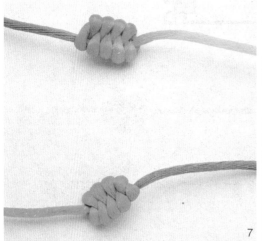

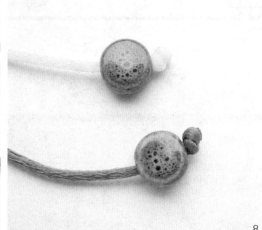

7. 打一个与第一个凤尾结相对称的凤尾结。

8. 在两根线的末尾各穿入一颗瓷珠。

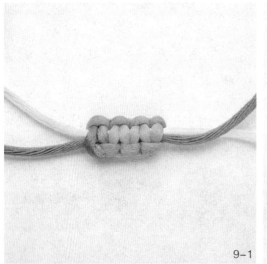

9. 最后，取一段线打平结将手链的两端包住，使其相连。

思 念

在思念的情绪里，纵有一早的晴光潋滟，被思念一搅和也如行在黄昏，从而忘了时间的威胁。

材料：四根玉线，10 颗白珠，42 颗塑料珠

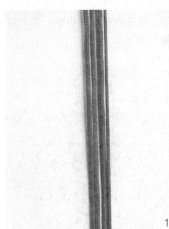

1

1. 准备好四根玉线。

2

2. 其中三根如图中所示，对折后作为中心线，最后一根玉线在其上打平结。

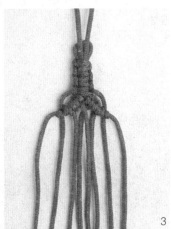

3

3. 如图，用八根线编斜卷结，形成一个"八"字形。

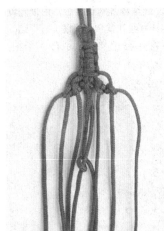

4

4. 如图，中间的两根线编一个斜卷结。

5

5. 继续 4 步骤，连续编斜卷结，再次形成一个"八"字形。

6

6. 在中间的两根线上穿入一颗白珠。

7

8

9

7. 在白珠的周围编斜卷结,将其固定。

8. 如图,右侧第二根线上穿入一颗塑料珠。

9. 如图,用右侧第二根线编斜卷结,并在右侧第一根线上穿入两颗塑料珠。

10

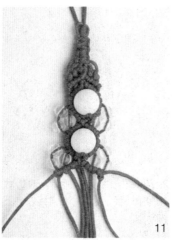

11

12

10. 同样将两侧的塑料珠都穿好,继续编"八"字斜卷结。

11. 按照6～10步骤,继续编结。

12. 编至合适的长度后,用最外侧的两根线在其余六根线上打平结,并将多余的线剪去,用打火机烧粘。

13-1

13-2

13. 另取一段线,打平结,将手链的两端包住,使其相连,并在线的末尾穿入白珠。

尘 梦

如遁入一场前尘的梦，
孑然行迹，最是暮雨峭春寒。

材料：两根 90cm 的 5
号线，八颗瓷珠

1. 用两根线编一个十字结。

2. 编好后，穿入一颗瓷珠。

3. 再编一个十字结，再穿入一颗瓷珠。

4. 按照 2 ~ 3 步骤，编四个十字结，穿入四颗瓷珠。

5. 用一段线打平结，将手链的首尾两端包住。

6. 最后，在每根线的尾端都穿入一颗瓷珠，即成。

随 缘

让所有痛彻心扉的苦楚沦为往日的经历，此时天晴，至于来日天象，且随缘阴雨。

材料：一根70cm的4号线

1

1. 将准备好的线对折。

2

2. 在中心处留一小段距离，打一个纽扣结。

3

3. 隔7cm处再打一个纽扣结。

4

4. 相隔1cm，再打两个纽扣结。

5-1

5. 最后，隔7cm打一个纽扣结作为结尾。

5-2

花非花

花非花，梦非梦，花如梦，梦似花，梦里有花，花开如梦。

材料：一根150cm的5号线

1

1. 将准备好的线编一段两股辫。

2

2. 编好后，打一个蛇结，将两股辫固定。

3

3. 打一个酢浆草结，注意要将耳翼抽紧。再打一个蛇结，以示对称。

4

4. 编一个二回盘长结，注意不要将耳翼拉出，再打一个蛇结固定。

5

5. 同3步骤，打一个酢浆草结和一个蛇结，然后编两股辫。

6-1

6. 最后，编好两股辫，打一个纽扣结作为结尾。

6-2

无 言

一路红尘，有太多春花秋月，太多逝水沉香，青春散场，我们将等待下一场开幕。

材料：三根 5 号线，一根 60cm，两根 150cm

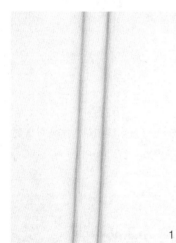

1

1. 将 60cm 的 5 号线对折。

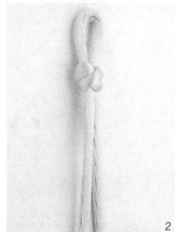

2

2. 在其对折处留一小段距离打一个双联结。

3

3. 将另外两根线如图中所示摆放。

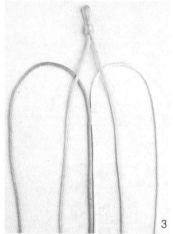

4-1

4-2

4. 如图，另外两根线分别在中心线上打双向平结。

5

5. 注意图中关于线的走势。

6. 编到合适的长度。

7. 将多余的线头剪去，烧粘，用中心线打一个双联结固定。

8. 再打一个纽扣结，作为手链的结尾。

9-1

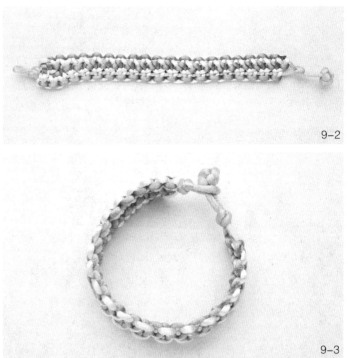

9-2

9-3

9. 将线头剪去，烧粘即可。

梦 影

心生万物，世间林林总总，一念成梦幻泡影，一念承载了"生"全部的意义。

材料：一根 150cm 玉线，四根 100cm 玉线，一颗瓷珠

1

1. 将 150cm 玉线对折成两根。

2

2. 在对折处留出一个小圈，开始编金刚结。

3

3. 编到合适长度后，如图，将金刚结下方的两根线穿入顶端留出的小圈内。

4

4. 如图，继续编金刚结。

5

5. 编好一段金刚结后，在下方 3cm 处打一个双联结。

6

6. 将四根 100cm 玉线拿出，如图中所示，并排穿入金刚结和双联结之间的空隙中。

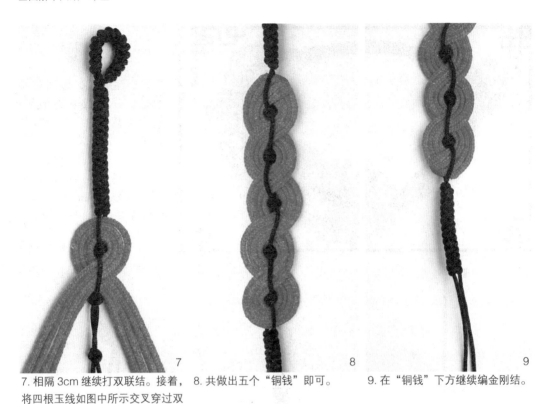

7   8   9

7. 相隔3cm继续打双联结。接着，将四根玉线如图中所示交叉穿过双联结之间的空隙中。

8. 共做出五个"铜钱"即可。

9. 在"铜钱"下方继续编金刚结。

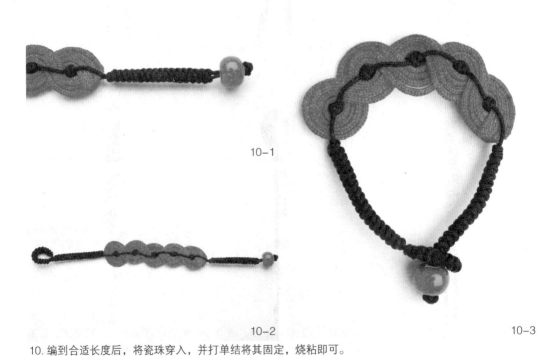

10-1

10-2   10-3

10. 编到合适长度后，将瓷珠穿入，并打单结将其固定，烧粘即可。

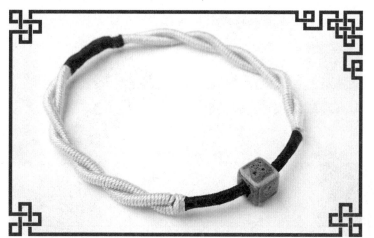

花 思

这样的季节，这样的夜，常常听到林间的花枝在悄悄低语："思君，又怕花落……"

材料：两根 60cm 的 5 号线，一颗瓷珠，两种颜色股线

1

1. 将两根 5 号线并在一起。

2

2. 在两根线的中央缠绕上一段股线。

3

3. 如图，分别在两根线上缠上另一种颜色的股线。

4

4. 如图，用缠好股线的两根线编两股辫。

5

5. 将瓷珠穿至线的中心处。

6

6. 将手镯的另一边也同样编好。

7-1

7-2

7. 最后用一段股线将手链的两端缠绕在一起，手链就完成了。

天雨流芳

　　有一个所在，十万亿土地之外，那里，天雨流芳，宝相严庄。

　　材料：一根150cm的A玉线，三颗串珠

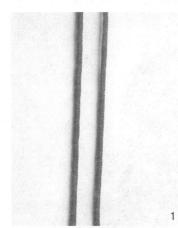

1. 将玉线在中心处对折。

2. 将对折处预留出一个圈，然后开始编金刚结。

3. 编好一段金刚结后，穿入一颗珠子。

4. 穿入珠子后，打一个纽扣结。

5. 再穿入一颗珠子，再打一个纽扣结。三颗珠子穿完后，打一段金刚结，与2步骤的金刚结对称。最后，打一个纽扣结作为结尾。

6. 将多余的线头剪去，烧粘即可。

至 情

途经人世，在踟蹰步履间，看脚下蒿草结根并蒂。谁料得，草木竟如此深谙人间的情致。

材料：一根 80cm 的 4 号线，一根 150cm 的五彩线

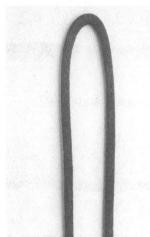

1

1. 将 4 号线对折。

2

2. 在对折处留一小段距离，打一个双联结。

3

3. 在双联结下方 5cm 处，用五彩线在两根线上打平结。

4-1

4-2

4-3

4. 打到合适的长度后，在 4 号线的结尾处打一个纽扣结作为结尾，烧粘即可。

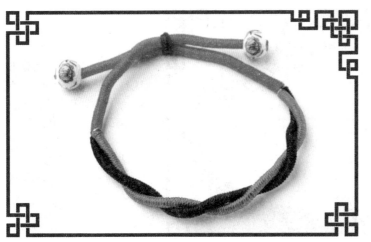

晴 川

晴川是阳光照耀的河，也是风儿对心情的嘱托，可成长总有坎坷，稍不经意，心便在风浪里散落。

材料：两根 5 号线，两颗瓷珠，三种不同颜色股线

1. 将两根 5 号线分别缠绕上不同颜色的股线。

2. 再用另一种颜色的股线将两根线缠绕到一起。

3. 如图，用两根缠绕好股线的 5 号线编两股辫。

4. 编到合适的长度后，同样用一段股线将两根线缠绕到一起。

5. 在线的两端各穿入一颗瓷珠。

6. 最后，如图，用一段线将手链的两端绑住，使其相连，即成。

风 月

泪朦胧，人佺偬。闭月闲庭，凤鸣重霄九天宫苑，四壁楚钟声，目落目已空。

材料：一根 60cm 的 5 号线，股线，彩色饰带，双面胶

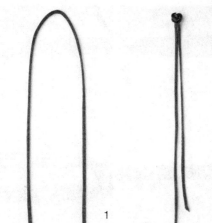

1. 将准备好的5号线对折。

2. 在对折处打一个纽扣结。注意，线的另一端是长短不齐的。

3. 将另一端的线用打火机烧连，形成一个圈。

4. 将双面胶粘在线的外面，注意底端留出套纽扣结的圈。然后在双面胶外面缠上股线。

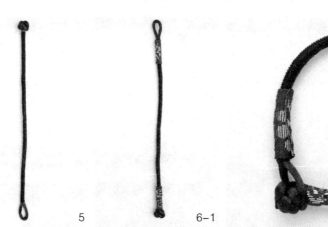

5. 股线缠好后，将线头都剪去，烧粘。

6. 剪下两段饰带，粘在手链的两端。镯式手链就完成了。

韶 红

问花，花亦不语，独自韶红。

材料：六根 150cm 玉线，一颗瓷珠

1

1. 先取出三根玉线，并排摆放。

2

2. 再取一根玉线，如图，在三根玉线的中心处系结。

3

3. 系好结后，下端的线与右边的三根线合并，编四股辫。

4

4. 编好四股辫后，打一个蛇结，将其固定。

5

5. 如图，左边的三根线编一段三股辫，编到合适长度后，再取出另一根线，在左侧系结。

6

6. 同 3 步骤，下端的线跟左边的三根线合并，开始编四股辫。

7

7. 编好后，同样打一个蛇结固定。

8

8. 编到合适的长度后，将上端的两根线系在一起。

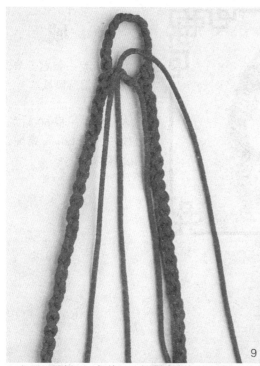

9. 如图，再插入一根线，四根线继续编四股辫。

10. 编好后，打一个蛇结固定。

11. 用一根线打秘鲁结，将编好的三个四股辫缠绕在一起。

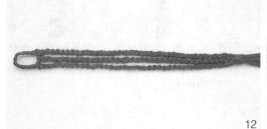

12. 将多余线头剪去，烧粘，手链的主体部分就完成了。

13. 在手链的末端穿入一颗瓷珠。

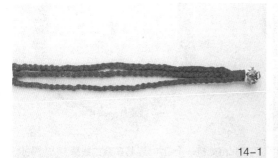

14. 将线头剪去，烧粘，即可。

倾 城

何日黄粱一朝君子梦，
素颜明媚，泪落倾城。

材料：一根60cm的
5号线，一根120cm蜡绳，
四颗藏银珠

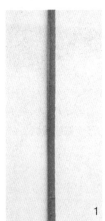

1

2

3

4

5

1. 先拿出准备好的
5号线。

2. 将线在中心处对
折，留出一小段距
离后打一个双联结。

3. 取出蜡绳，在双
联结下方间隔5cm
处打平结。

4. 如图，打好一段
平结后，穿入一颗
藏银珠。

5. 重复4步骤，直到
完成手链主体部分。

6

7

8-1

8-2

6. 最后，将多余的
蜡绳剪去，用打火
机烧粘。

7. 在相隔5cm处打
一个双联结。

8. 在双联结下方1cm处打一个纽扣结。将多余的线头剪去，即可。

鸢 尾

行路中，丛丛鸢尾，染蓝了孤客的心。

材料：一根 30cm 的玉线，一根 60cm 的玉线，四个蓝水晶串珠，两个塑料串珠

1. 将 30cm 的玉线作为中心线。

2. 用另一根玉线在上面打一段平结，将线头剪去，烧粘。

3. 穿入一个蓝水晶串珠。

4. 再打一段平结，将线头剪去，烧粘。

5. 重复 2 ~ 4 步骤，完成手链主体部分，共穿入四个蓝水晶串珠，然后在绳子的两个末端各穿入一个塑料珠。

6. 用同色线打一段平结，包住手链首尾两端的线即可。

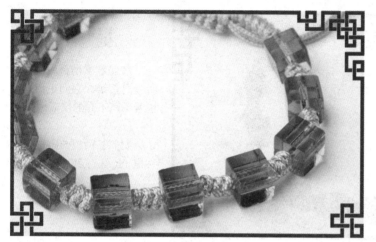

江　南

心儿悠游，却是梦中，眼见粉蕊娇红禾间草，纵是天堂亦不换。

材料：一根120cm玉线，13个黄水晶串珠

1. 将线对折成两条。

2. 距线的一端20cm处开始打蛇结。

3. 打七个蛇结后，穿入一颗黄水晶，继续打蛇结。

4. 而后，打三个蛇结就穿入一颗黄水晶，直到穿入11颗黄水晶后，手链主体完成。

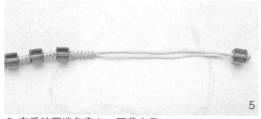

5. 在手链两端各穿入一颗黄水晶。

6. 最后，用一段线打平结将手链首尾两端连结。

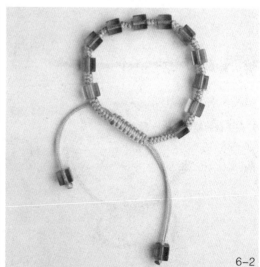

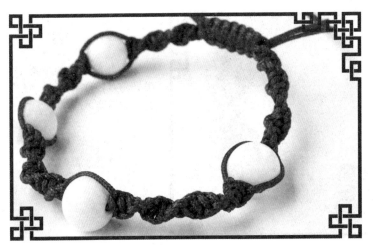

星 月

待笙歌吹彻，偷偷听一
听星月絮语，它们正悄悄地
说着不离不弃的情话……

材料：两根 50cm 玉线，
一根 120cm 玉线，六颗白珠

1. 将两根 50cm 玉线作为中心线。

2. 另一根线在中心线上编单向平结。

3. 编到一定长度后，穿入一颗白珠，继续编单向平结。

4. 共穿入四颗白珠后，完成手链主体部分，将线头剪去，烧粘。

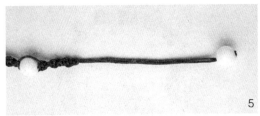

5. 在手链两端各穿入一颗白珠。

6. 最后，用一段线打平结，将手链的首尾两端连结。

成 碧

四合暮色，几多钟鸣，去年人去，今日楼空，叹枯草成碧，碧又成青，铅华历尽无好景。

材料：两种不同颜色的玉线各两根，八颗方形塑料珠

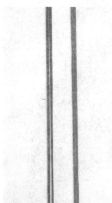

1. 将四根线准备好。

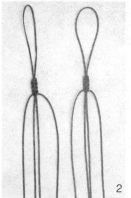

2. 如图，相同颜色的玉线，一根对折为中心线，一根在其上打双向平结。

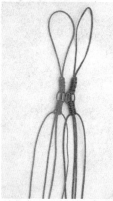

3. 打一段平结后，如图，将一颗方形塑料珠将两段平结相串联。

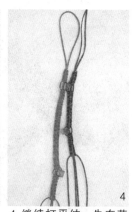

4. 继续打平结，先在蓝线最外侧的线上穿入一颗塑料珠。再将橙线的最外侧线上穿入一颗塑料珠。

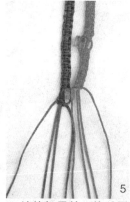

5. 继续打平结，然后再穿入一颗塑料珠将蓝线和橙线连在一起。

6. 将多余的线头剪去，烧粘。将作为中心线的蓝线和橙线尾端各穿入一颗塑料珠。

7. 用一段线打平结使手链的首尾相连。

芙 蓉

芙蓉香透，胭脂红，韶华无限，风情几万种，醉色沉沉，青丝撩拨媚颜生。

材料：一根 100cm 玉线，一根 220cm 的玉线，一颗大瓷珠，六颗小瓷珠

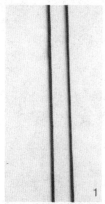

1

2

3

4

5

1. 将 100cm 玉线对折，作为中心线。

2. 用另一根玉线在中心线上打平结。

3. 编到一定长度后，穿入一颗小瓷珠，再打两个平结，再穿入一颗小瓷珠。

4. 继续打平结，打到线的中心位置时，将大瓷珠穿入。

5. 按照 2 ~ 4 步骤，编好手链的另一部分，完成手链主体后将多余线头剪去，用打火机烧粘。

6

7-1

7-2

6. 在中心线的两端分别穿入一颗小瓷珠，并打单结固定。

7. 最后，用一小段线打平结将手链的首尾两端连结。

断　章

风口笛啸出岁月绝响，挥一瞥长管，作别咫尺的离伤，地老，天荒。

材料：两根不同颜色5号线，各约150cm

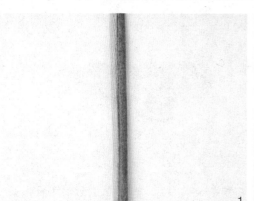

1. 如图，将两根线用打火机烧连在一起。

2. 打一个双联结，然后开始编金刚结。

3. 编至足够长度后，打一个纽扣结作为结尾。

4. 将编完纽扣结剩下的线剪去，烧粘即可。

年 华

回首年华，摇扇扶柳
已然红尘旧梦，王孙手绢奴
家容。

材料：一根 40cm 的五
号线，一个挂坠

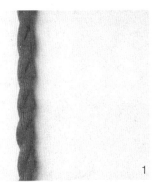

1

1. 用 5 号线编一段两股辫。

2

2. 编好一半长度后，穿入挂坠，继续编两股辫。

3-1

3-2

3. 最后，打一个单结固定，即成。

落花意

秋风浓，吹落柔情一地。心是渡口，捻半瓣落花，荡成思绪里的舟。

材料：两根 60cm 的 5 号线，一根 180cm 璎珞线，一段股线

1
1. 先用璎珞线编制手链的主体。

2
2. 将璎珞线对折，在对折处留一小段距离，打一个双联结。

3
3. 在下方相隔 5cm 处连续打三个蛇结。

4
4. 然后，缠绕一段股线，编一个酢浆草结，再缠绕一段股线。

5
5. 然后编三个连续的蛇结。

6
6. 如图，与蛇结相隔 5cm 处编一个纽扣结。

7
7. 将编好的纽扣结多余的线头剪去，再用打火机烧粘。

8-1
8. 用两根 5 号线编两个菠萝结，将编好的菠萝结套在中心处的股线上，即成。

8-2

初 秋

这个初秋，斑驳了时光的倩影，徒留月下只影，散落天涯……

材料：两根 150cm 的 5 号线，股线

1

2

3

4

1. 将两根线准备好。

2. 在线的一端粘上双面胶，再将股线缠在双面胶外面。

3. 缠完一段股线后，将两条线分开，再分别缠上股线。

4. 将线上缠完股线后，开始编双钱结。

5

6

7

5. 将手链主体部分编完后，余线尾端打单结相连。

6. 最后，用一段线打平结将手链首尾相连。

7. 用一段线打平结将手链的首尾相连。

暮 雨

暮雨一场，浇冷了脂玉般的心。

材料：两根 150cm 玉线

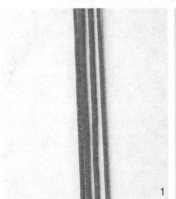

1

1.将两根玉线对折。

2

2.对折后，留一小段距离打两个双线蛇结。

3

3.将对折后的四条线分成两股，每股编金刚结。

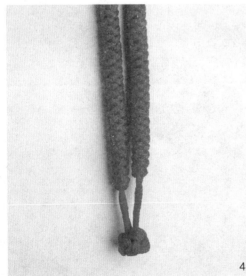

4-1

4-2

4.编到足够长度后，将两股线合在一起，打一个纽扣结作为结尾。

温 暖

如果阳光不能温暖你的忧伤，还有什么能交换你心爱的玩具，孤独的孩子？

材料：一根 80cm 的 5 号线，两颗瓷珠，一颗藏银珠

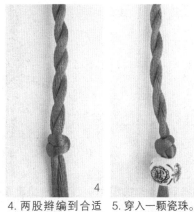

1

1. 将一根 5 号线对折成两根。

2

2. 在对折处留一小段距离，打一个双联结。

3

3. 开始编两股辫。

4

4. 两股辫编到合适长度后，打一个双联结将其固定。

5

5. 穿入一颗瓷珠。

6

6. 在瓷珠下方打一个纽扣结，将其固定。

7

7. 穿入一颗藏银珠。手链的主体部分完成了一半。重复3～6步骤，完成手链主体部分的另一半。

8-1

8-2

8. 最后，打一个纽扣结，并将多余线头剪去，烧粘，即成。

风 舞

那缕青烟甩着水袖，踩着碎步，俨然闺阁丽人，但那只是风儿的舞姿，翩跹一段这尘世的优雅。

材料：一根60cm玉线，一根100cm玉线，10个印花木珠

1

1. 将60cm玉线作为中心线，对折。

2

2. 另一根玉线在其上打平结。

3

3. 打一段平结后，如图，将中心线分成两部分，分别打雀头结。

4

4. 如图，在两条中心线上分别穿入一个印花木珠，然后继续分别打雀头结，打三个雀头结后，再继续打平结。

5

5. 重复3～4步骤，完成手链的主体部分。

6

6. 将多余的线头剪掉，用打火机烧粘。

7

7. 将中心线的两端分别穿入一颗木珠，并打单结固定。

8

8. 最后，用一小段线打平结包住手链的首尾两端即可。

零 落

一片枯黄的叶零落得没有声响，却见证了从枝丫到根蔓的萧然，沉淀了哲人般的内涵。

材料：一根 160cm 扁线

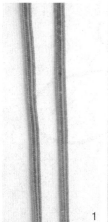

1.将一根扁线对折。

2.在其中心处，留一段空余，打一个蛇结。

3.打一个双钱结。

4.再打一个蛇结。

5.再打一个双钱结。

6.按照 3～5 步骤，继续编结。

7.完成手链的主体部分。

8.最后，打一个双联结作为结束。

9.剪掉多余线头，烧粘，即成。

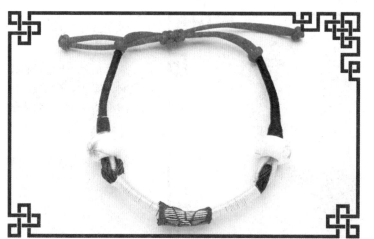

斑 驳

秋风乍起，见落叶萧萧，斑驳了一地的色彩。

材料：三根璎珞线，两根 6 号线，一块饰带，两颗瓷珠，一段股线

1. 先拿出三根璎珞线。

2. 将三根璎珞线烧连成三个圈。

3. 如图，将三个璎珞线圈相套，并在其上粘一段双面胶。

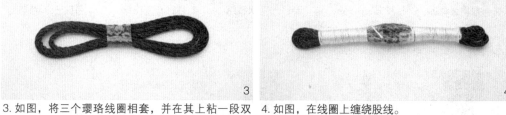

4. 如图，在线圈上缠绕股线。

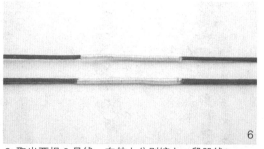

5. 将饰带粘在中间。

6. 取出两根 6 号线，在其上分别缠上一段股线。

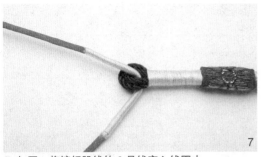

7. 如图，将缠好股线的 6 号线穿入线圈中。

8. 穿好后，分别在两端套入一颗瓷珠，如图中所示。

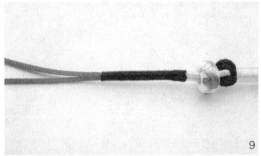

9. 再用一段股线将两根线缠绕在一起。

10. 缠好后，打一个蛇结将其固定。

11. 取一段线打平结将首尾两端的线包住，使其相连。

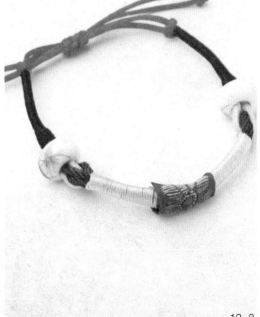

12. 最后，在两根线的末尾打蛇结，即可。

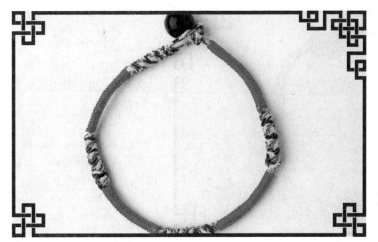

萦 绕

萧疏的季节，袅袅香烟绕着疏篱青瓦，戚戚鸟鸣和着晨景长歌，萧萧梧叶荡着清气碧痕。

材料：一根五彩线，一段股线，一颗黑珠

1. 先取出一根五彩线。

2. 将线对折，留出一小段距离后编一段金刚结。

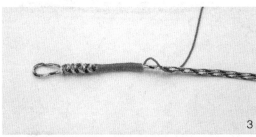

3. 在金刚结下方缠上一段股线。

4. 继续编金刚结。

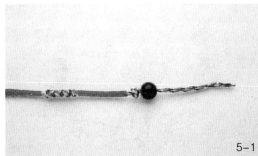

5. 重复 2～3 步骤，编到合适的长度后，穿入一颗黑珠，烧粘即可。

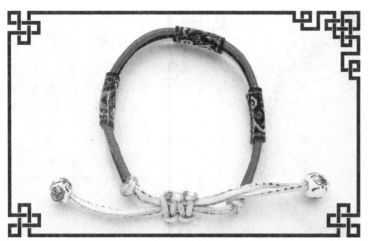

秋之舞

一派盛景，攒促了舞动的风，而风儿的舞姿温润了秋的容颜。

材料：三根 80cm 的 5 号夹金线，两颗瓷珠，三块饰带，三种不同颜色股线

1. 准备好三根股线。

2. 分别在三根线上缠绕不同颜色的股线。

3. 打蛇结将三根线两端相连。

4. 如图，将三块饰带粘在三根线上。

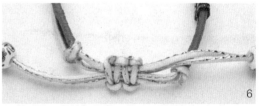

5. 将中心的线剪去烧粘，在余下两根线的末尾穿入一颗瓷珠。

6. 最后用一段线打平结，将手链的首尾相连。

花想容

烟花易冷，韶华易逝，娇嫩的花瓣终于不那么妩媚，渐渐地它们适应了萎谢的命运。

材料：两根 150cm 的 5 号线，10 个彩色小铃铛，10 个小铁环

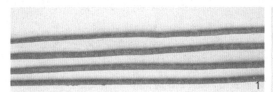

1. 将两条线对折成四条线。

2. 其中一根线对折，留出一小段距离后打一个蛇结，另一根线从下方插入。

3. 开始编四股辫。

4. 编到一定长度后，结尾打一个纽扣结。

5. 将小铃铛用小铁环穿好，一个个挂在手链上。

6. 注意铃铛与铃铛之间的间距。

红 药

寂寂花时，百俗争艳。
有情芍药，无力诉说凄凉。

材料：两根 150cm 玉
线，八颗瓷珠

1. 将两根线对折成四根。

2. 预留出 20cm 的距离，打一个秘鲁结。

3. 将多余线头剪去，烧粘。开始编四股辫。

4. 编到一定长度后，在中间的两根线上穿入一颗瓷珠。

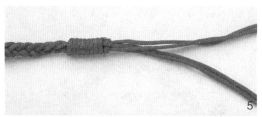

5. 重复 4 步骤，直到完成手链的主体部分。然后再
打一个秘鲁结作为结尾。

6. 将尾端每两根线上穿入一颗瓷珠。

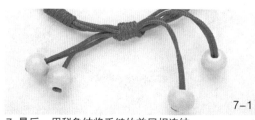

7. 最后，用秘鲁结将手链的首尾相连结。

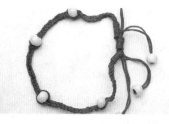

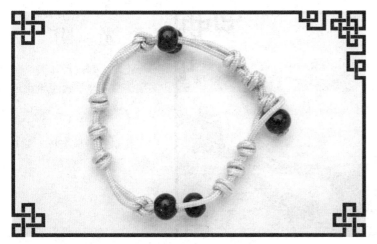

回 眸

流年暗度，不知哪个不经意的侧身抑或回眸，便能发现一片光景萧疏。

材料：一根 120cm 玉线，五颗瓷珠

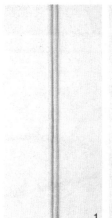

1

2

3

4

5

1. 将准备好的一根线对折。

2. 在线的一头留出一小段距离，然后连打三个竖双联结。

3. 在两条线上各穿入一颗珠子。

4. 打一个横向双联结固定。

5. 留一段距离再打一个竖向双联结。

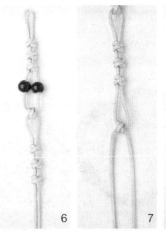

6

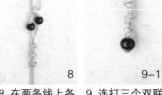

7

8

9-1

9-2

6. 再连打两个竖向双联结。

7. 打一个横向双联结。

8. 在两条线上各穿入一颗珠子。

9. 连打三个双联结，再穿入一颗珠子作为结尾。

光 阴

把每天都过得真实，真实到仿佛一伸手就能触到光阴的纹路 。

材料：一根 120cm 的 6 号线，三个青花瓷珠

1. 将准备好的线对折。

2. 在中间部位编一个竖向双联结。

3. 在结的右侧编一个横向双联结，穿入一颗瓷珠，再编一个横向双联结固定。

4. 在横向双联结的左侧编一个竖向双联结。

5. 再编横向双联结，穿珠，重复 3 步骤，完成手链主体部分。

7. 最后，用一段线打平结将手链的首尾相连。

6. 在线的尾端打凤尾结作为结尾。

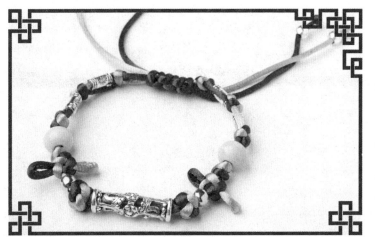

秋 波

碧云天，黄叶地，秋色连波，波上寒烟翠。

材料：两根不同颜色 5 号线各 80cm，两颗瓷珠，四个小藏银管，一个大藏银管，两颗金色珠，四颗银色珠

1

1. 准备好两根线。

2

2. 先打一个十字结。

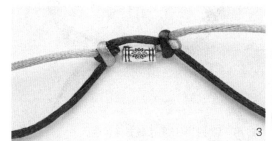

3

3. 在一根线上穿入一个小藏银管，再打一个十字结。

4

4. 再穿入一个小藏银管。

5

5. 再打一个十字结后，穿入一颗瓷珠。

6

6. 打一个双联结，将瓷珠固定。

7

7. 编一个酢浆草结。

8

8. 穿入一颗金色珠。

9

9. 打一个纽扣结。

10

10. 穿入一个大藏银管。

11

11. 重复 2 ~ 9 步骤，完成手链主体的另一部分。

12

12. 用一段线打平结将手链首尾包住。

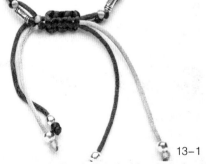

13-1

13-2

13. 最后，在手链尾部的四条线上分别穿入银色珠，并打单结固定。

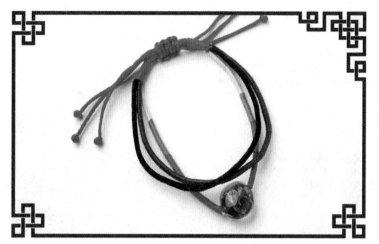

三生缘

三生缘起，前生的擦身，今生的眷恋，来生的承诺，长风中飘不散的缘尽缘绵……

材料：三根玉线，一个串珠，六种不同颜色股线

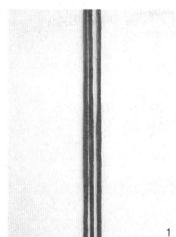

1

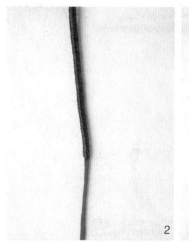

2

3

1.准备好三根玉线。

2.先拿出其中一根，在其上缠绕一段股线。

3.将股线缠绕到合适的长度。

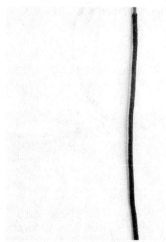

4

5

4.再取一根线，缠上股线。

5.取出第三根线，在其上穿入一颗串珠。

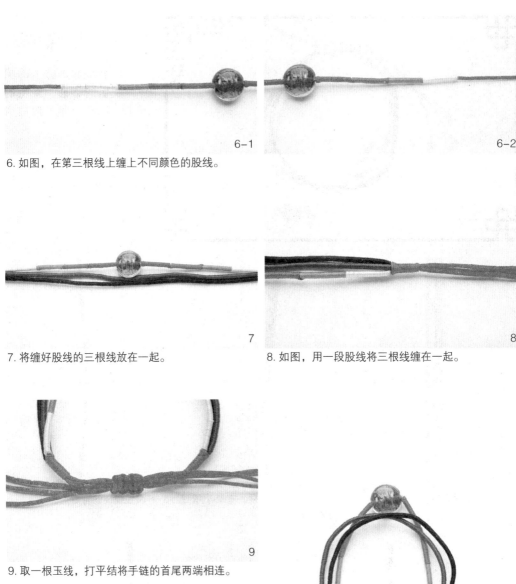

6-1

6-2

6. 如图,在第三根线上缠上不同颜色的股线。

7

7. 将缠好股线的三根线放在一起。

8

8. 如图,用一段股线将三根线缠在一起。

9

9. 取一根玉线,打平结将手链的首尾两端相连。

10-1

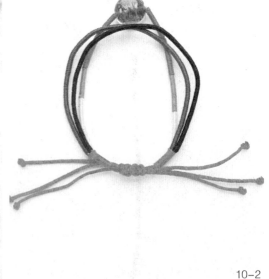

10-2

10. 最后,在每根线的尾端打单结,即可。

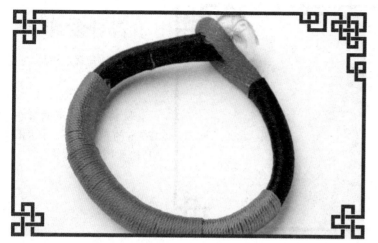

静候

驿动的心默守在天涯，相约的日子在静候中沉淀成梦。

材料：一根60cm的3号线，三种不同颜色股线，一颗瓷珠，双面胶

1

1. 准备好线材和珠子。

2

2. 将线对折，如图，用双面胶将两根线粘住。

3

3. 先缠上一层黑色股线。

4

4. 再在黑色股线中间缠上一段蓝色股线。

5

5. 再在蓝色股线中间缠上一段红色股线。

6-1

6. 最后，将瓷珠穿在手链的末尾，烧粘即可。

6-2

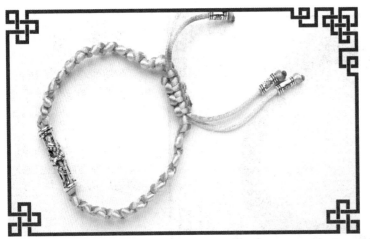

古朴爱恋

我们的爱就是朴素，自然，纯净到底。

材料：两根不同颜色120cm的5号线，一个大藏银管，四个小藏银管

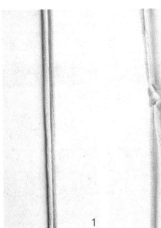

1

2

3

4

5

1.将两根线并排摆放。

2.在距线头一段距离后打一个单结。

3.两根线交叉编雀头结。

4.编到一半后穿入一个大藏银管。

5.继续编雀头结。

6

7

8-1

8-2

6.编到最后，打一个单结作为结尾。

7.在两个尾端的线上各穿入一个小藏银管。

8.最后，用一段线打平结将手链的首尾相连。

第四章

项 链

君 影

你微微地笑着，不同我说什么话。而我觉得，为了这个，我已等待很久。

材料：两根玉线，五颗高温结晶珠，一个挂坠

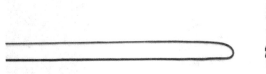

1

1. 准备好一根玉线，将线对折。

2. 在线的中心位置留出一段距离，分别打两个单结。

2

3. 打好单结后，在单结的外侧开始编金刚结，注意对称。

4. 编好金刚结后，分别在两侧穿入两个高温结晶珠。

4

5

5. 穿好珠子后，分别在两侧打单结固定。

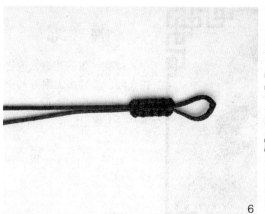

6

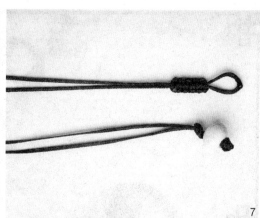

7

6. 取一段玉线在项链的顶端打一段平结，注意留出一段距离。

7. 在项链的另一端打一个单结，穿入一颗同色的高温结晶珠，再打一个单结固定。

8

8. 将项链坠穿入一根同色玉线，挂在项链中间的位置。

9-1

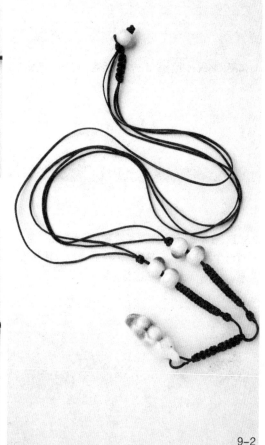

9-2

9. 在穿项链坠的线上打一段平结，用以固定。

缠 绵

以我一生的碧血，为你在天际，染一次无限好的夕阳；再以一生的清泪，为你下一场大雪白茫茫。

材料：5号线一根，串珠六颗

1

2

1. 如图，将线对折，留出一小段距离，打一个双联结。

2. 如图，在第一个双联结下方预留出一定的空余，之后连续打两个双联结。

3

4

3. 如图，在第二、第三个双联结下方留出一定的空余，再打一个双联结，并单线穿入一颗串珠，打双联结固定。

4. 如图，打一个纽扣结，穿入一颗串珠，接着再打一个纽扣结。

5-1

5-2

5. 重复3步骤。全部编完后，将线圈末尾打一个双联结和纽扣结，项圈即完成。

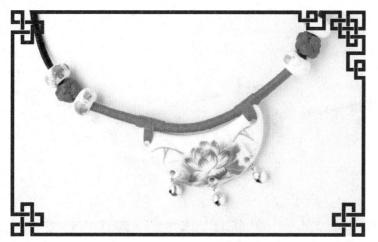

在水一方

"绿草苍苍，白雾茫茫，有位佳人，在水一方。我愿顺流而下，找寻她的足迹。却见她仿佛依稀在水中仁立。"

材料：三根6号线，两种不同颜色股线，五颗瓷珠，一个瓷片挂坠，三个铃铛

1. 拿出准备好的三根6号线。

2. 用两根线编两个菠萝结。

3. 取出另一根线，在中心处对折，留出一小段距离，并在其上缠绕一段股线，将两根线完全包裹。

4. 拿出瓷片和铃铛。

5. 将铃铛穿入瓷片下方的三个孔内。

6. 在项链的中心处缠绕另一种颜色的股线。

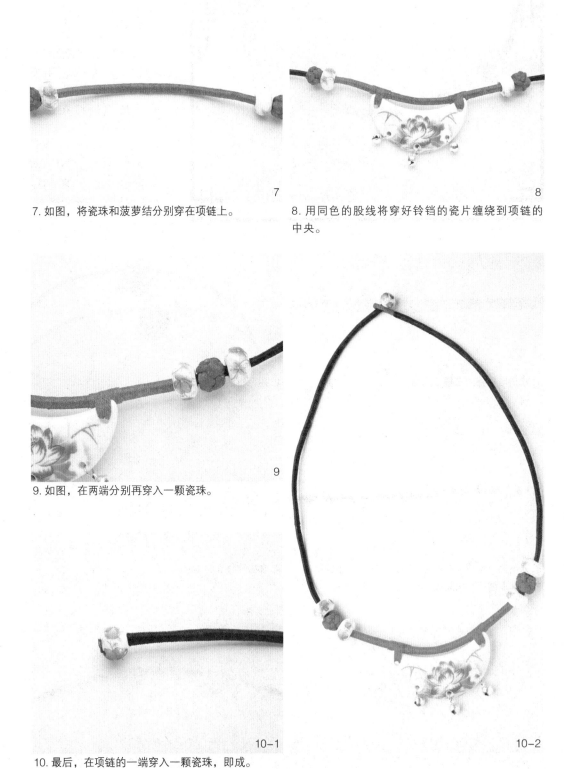

7

7. 如图，将瓷珠和菠萝结分别穿在项链上。

8

8. 用同色的股线将穿好铃铛的瓷片缠绕到项链的中央。

9

9. 如图，在两端分别再穿入一颗瓷珠。

10-1

10. 最后，在项链的一端穿入一颗瓷珠，即成。

10-2

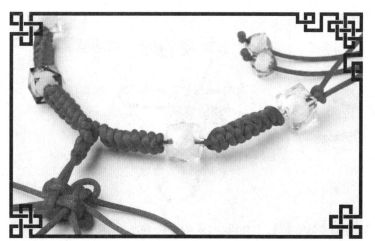

飘 落

翠水东流江川泛波，
怎敌西风卷帘的世界里落
叶飘飞。

材料：两根 5 号线，一
根 50cm，一根 220cm，四
颗大珠子，四颗小珠子

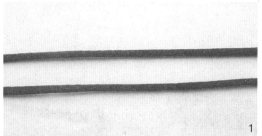

1. 准备好两根 5 号线。

2. 如图，先用其中一根线对折后打一个蛇结。

3. 穿入一颗大珠，接着打金刚结。

4. 打一段金刚结后，再穿入一颗大珠，继续打金刚结。

5. 用另一根线打一个吉祥结。

6

7

6. 将吉祥结下方多余的线头剪去，用打火机烧连成一个圈。

7. 如图，将吉祥结的一端穿入项链中。

8

9

8. 另取一段线，如图中所示，在吉祥结上端的耳翼上打一段平结，将其固定。这时项链主体部分的一半就完成了。

9. 接下来，继续打一段金刚结，穿珠，再打一段金刚结，穿珠，并打蛇结作为结尾。

10

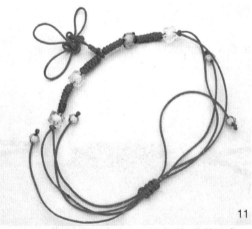

11

10. 另取一段线，打平结将项链的首尾包住。

11. 最后，在线的尾端各穿入一颗小珠，烧粘即成。

绽 放

许多时候，一朵矜持的花，总是注定无法开上一杆沉默的枝桠。

材料：两根150cm蜡绳，一段玉线，一个牡丹花瓷片，两颗瓷珠，双面胶

1. 准备好两根线。

2. 如图，将两根线分别穿入瓷片上端的两个孔内。

3. 如图，用双面胶将两个线头粘在一起。

4. 在双面胶上缠上咖啡色玉线。

5. 在两根线上分别穿入一颗瓷珠。

6. 在两颗瓷珠上分别打一个单结。

7. 两根线的末端互相打搭扣结，即成。

山 水

心如止水，不动如山，而山水又无限明媚，偿世人一处处巍峨、清喜。

材料：一根150cm蜡绳，一根50cm玉线，一个山水瓷片，两颗扁形瓷珠

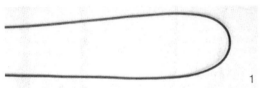

1. 将蜡绳对折。

2. 如图，在对折处，间隔5cm打两个单结。

3. 如图，在单结两侧分别穿入一颗扁形瓷珠。

4. 如图，在珠子两侧分别打一个单结，将瓷珠固定。

5. 在蜡绳中心处缠上双面胶，用玉线缠绕。

6. 缠至2cm处，将山水瓷片穿入，继续缠绕。

7. 最后，蜡绳两端互相打搭扣结，使相连。

宽 心

春有百花秋有月，夏有凉风冬有雪。若无闲事挂心头，便是人间好时节。

材料：两根120cm玉线，一个小铁环，一个玉佛挂坠

1. 将两根线准备好。

2. 在中间部位打一个纽扣结。

3. 间隔3cm处，再打一个纽扣结。

4-1

4-2

4. 在两个纽扣结的外侧各打一个琵琶结。

5

5. 将用铁环穿好的玉佛挂坠挂在两个纽扣结中间。

6

6. 最后，两个尾端的线互相打单结，使得项链两端连结。

春光复苏

今春的杨柳在心上篆刻了一道属于整个生命的年轮；今年的花开复苏了春光，却苍老了岁月。

材料：两根 170cm 的 7 号线，四个青花瓷珠，一个瓷花

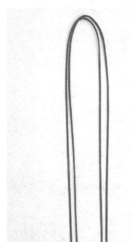

1. 将两根线并排对折。

2. 将瓷花挂在两根线的中央，并打双联结固定。

3. 再打一个双联结后，如图，每两根线上穿入一颗瓷珠。

4. 分别打单结将瓷珠固定。

5. 每组线对称各打一个竖向双联结。

6. 再对称各打一个竖向双联结。

7

8

7. 每组线各穿入一颗瓷珠。

8. 打横向双联结将瓷珠固定。

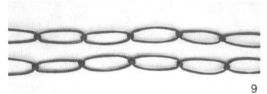

9

9. 共打六个竖向双联结。

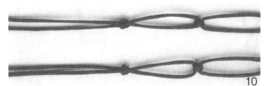

10

10. 最后，打一个横向双联结作结。

11-1

11-2

11. 用一段线打平结将项链的首尾连结。

沙 漏

时光的沙漏中，一粒微沙穿过中间的阻隔，落入另一处他乡。而两个斗室之间一颠倒，光阴便不再留下你的痕迹。

材料：一根 60cm 皮绳，一个瓷片挂坠，一个龙虾扣，一条铁环链子，两个金属头

1. 准备好一根皮绳。

2. 将瓷片穿入皮绳的中央。

3. 将铁链和龙虾扣分别穿入金属头内，再用钳子将两个金属头扣入皮绳的两端。

4. 最后，将龙虾扣扣入铁环中，即成。

平 安

不再思考太多，不再回忆太多，别离的渡口有一艘温暖的航船，默默地念着：祝你平安。

材料：一根 5 号线，一根玉线，一段股线，一颗瓷珠，一颗木珠

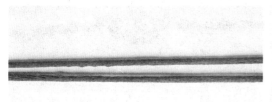

1

1. 将 5 号线对折。

2

2. 对折后，留出一小段距离，在其上缠绕一段股线。

3

3. 然后打一个双联结。

4

4. 再用玉线在 5 号线上打一段单向平结。

5

5. 再打一个双联结，并穿入一颗木珠。项链主体部分的一半完成了。

6

7

6. 按照上述步骤完成项链的另一半,并在尾端穿入一颗瓷珠。

7. 做一个线圈。

8

8. 拿出瓷珠。取一段线,在线圈上缠绕一段股线。

9. 将8步骤做好的线圈,如图中所示挂在木珠的两侧。

9

10

10. 将9步骤中缠好股线的线挂在线圈之上,并打双联结,将其固定。

11-1

11. 最后,将瓷珠穿入线的下方,即可。

11-2

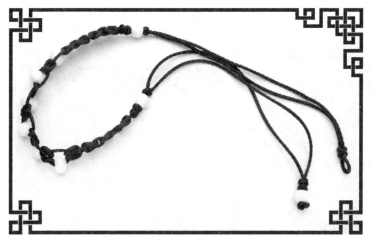

渡　口

遥忆渡口处的幽诉琴音，情绪里不自觉地染上了几分低沉的愁思。

材料：一根250cm璎珞线，九颗高温结晶珠

1. 将准备好的璎珞线取出。

2. 对折后，留出一小段距离，连续打两个蛇结。

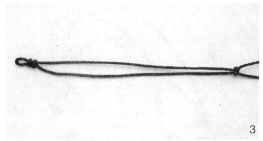

3. 在相隔30cm处再打一个蛇结。

4. 如图，在蛇结下方穿入一颗瓷珠。

5. 再打两个连续的蛇结。

6. 再打一个双钱结。

7

7. 继续打双钱结，共打四个双钱结，并在下方的一根线上穿入一颗高温结晶珠。

8. 打一个双钱结，再在同一根线上穿入一颗高温结晶珠。重复此步骤，共穿入六颗结晶珠。

9

10

9. 右边同样连打四个双钱结，打一个蛇结，穿入一颗结晶珠，再打一个蛇结，项链的主体部分就完成了。

10. 在相隔 30cm 处，打两个蛇结。

11

11. 穿入一颗结晶珠。

12-1

12-2

12. 再打一个蛇结。最后将多余的线头剪去烧粘即可。

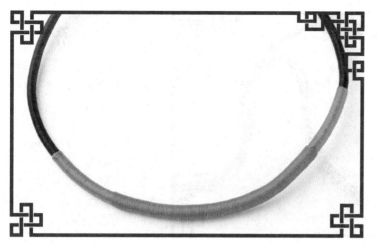

天 真

我喜欢你如同孩子般的天真，却心痛永远得不到你。

材料：一根 60cm 的 3 号线，一颗瓷珠，三种不同颜色股线

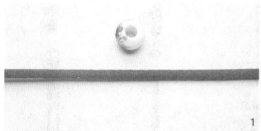

1

1. 将材料准备好。

2

2. 在线的一端穿入瓷珠，并将其烧粘固定。

3

3. 先在线上缠绕一层黑色股线。

4

4. 缠绕到另一端时，记得弯成一个圈。

5

5. 再缠上一段蓝色股线。

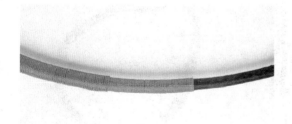

6-1

6. 最后再缠上一层红色股线即成。

6-2

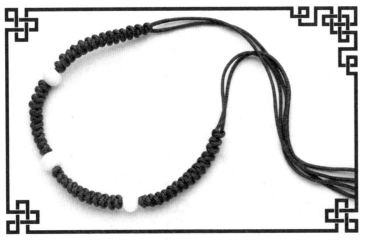

望 舒

苍穹之上有月，名曰望舒，普降月华于四野，母仪众星，彰显大爱。

材料：一根160cm玉线，四颗瓷珠

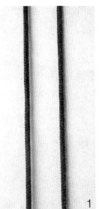

1

2

3

4

5

1. 将一根玉线对折成两根。

2. 将一颗瓷珠穿入两根线的中央。

3. 在瓷珠的左右两侧分别打蛇结。

4. 结打到合适的长度后，再穿入一颗瓷珠。

5. 继续打蛇结。

6

7

8-1

8-2

6. 在另一边也是穿入一颗瓷珠，再打蛇结。

7. 项链主体编好后，在一端穿入一颗瓷珠。

8. 如图，在另一端打一个蛇结，相隔1cm再打一个蛇结，即可。

清 欢

温一盏清茶，看着那被风干的青叶片在水里一片片展露开来，仿佛是感动的温暖在膨胀。

材料：五根玉线，一段股线，一个胶圈，四颗绿松石

1

1. 先取两根线，作为中心线。

2

2. 再取一根线，穿绿松石，并穿入胶圈内，然后在其上打雀头结。

3

3. 打雀头结直到将胶圈完全包住，注意多余的线头不要剪去，项链坠就做好了。

4

4. 在两根中心线上缠一段股线。

5

5. 在缠好的股线两端分别穿入一颗绿松石。

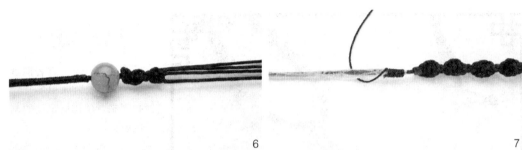

6   7

6. 另取两根线分别在绿松石的外侧打单向平结。

7. 打完一段单向平结后，继续在中心线上缠股线。

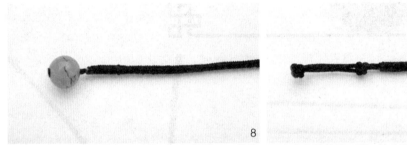

8

9

8. 缠到中心线一端的末尾，穿入一颗绿松石，并烧粘固定。

9. 在中心线的另一端，缠完股线后，打一个双联结，相隔 3cm 处再打一个双联结。

10-1

10-2

10. 最后，将编好的项链坠挂在中间的股线之上，如图，另取一段玉线，在项链坠的上方打平结，将其固定。

铭 心

有一种情，淡如一盏茶，亦足以付此一生，铭刻于心。

材料：一根 200cm 璎珞线，一颗大瓷珠，四颗小瓷珠

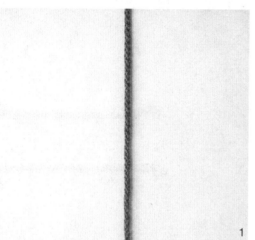

1. 拿出准备好的璎珞线。

2. 将其对折后，在对折处打一个吉祥结。

3. 在吉祥结上方打一个蛇结。

4. 如图，将一颗瓷珠穿入，注意两根线要交叉穿入大瓷珠。

5

5. 分别在大瓷珠的两侧打蛇结。

6

6. 打一小段蛇结后，穿入两颗小瓷珠。

7

7. 继续打蛇结，穿珠。

8

8. 在每根线的结尾打一个单结。

9-1

9-2

9. 另取一段线，打一段秘鲁结将两根线包住，使项链的首尾相连。

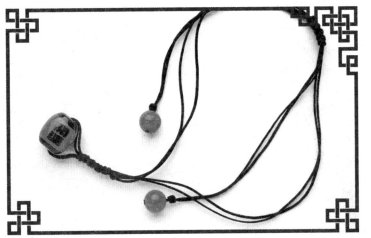

好运来

好运来，好运来，祝你天天好运来。

材料：两根 120cm 玉线，一颗瓷珠挂坠，两颗小瓷珠

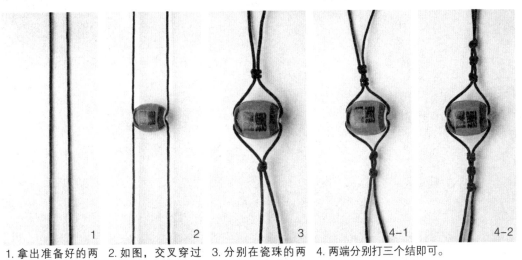

1   2   3   4-1   4-2

1.拿出准备好的两根玉线。

2.如图，交叉穿过瓷珠挂坠中。

3.分别在瓷珠的两侧打一个双联结。

4.两端分别打三个结即可。

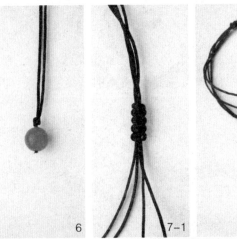
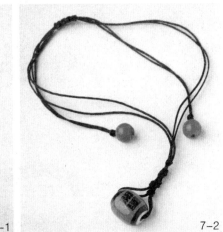

5   6   7-1   7-2

5.如图，在结尾处打一个双联结。

6.穿入一颗瓷珠，剪去线头，烧粘。

7.最后，取一段玉线打平结，将两根线包住，使其首尾相连即可。

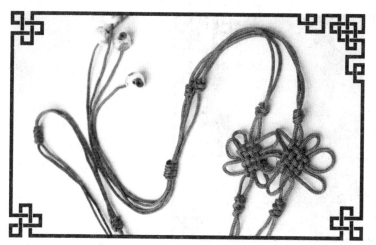

当 归

南飞的秋雁，寻着往时伊定的秋痕，一去不返。

材料：两根 200cm 玉线，四颗瓷珠

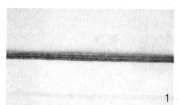

1. 将两根玉线并排摆放。

2. 在两根玉线的中心处打一段蛇结。在中心处的蛇结左右两边10cm 处各打一段相同长度的蛇结。

3. 再次相隔 10cm 打蛇结。

4. 在蛇结下方编二回盘长结，再打蛇结固定。注意左右两边都要打结，并相互对称。

5. 最后，在四根线的尾端各穿入一颗瓷珠，并打单结固定。

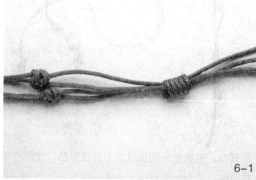

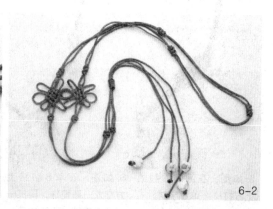

6. 最后，打一个秘鲁结将项链的首尾两端相连即可。

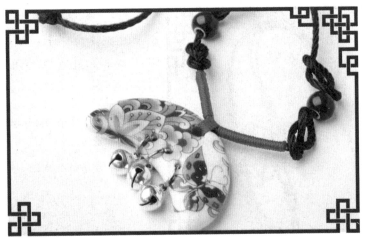

惜 花

花若怜，落在谁的指尖；花若惜，断那三千痴缠。

材料：一根 150cm 璎珞线，一个瓷片，两颗瓷珠，三个铃铛，一段股线

1

1. 先拿出瓷片。

2. 将三个铃铛挂在瓷片的下方，并将璎珞线对折。

3

3. 在对折后的璎珞线中央粘上双面胶，并缠绕上一段股线。

4

4. 如图，将瓷片缠绕到线的中央。

5

5. 如图，在缠绕股线的上方打一个单8字结。

6

6. 如图，在单8字结上方穿入一颗瓷珠，再打一个单8字结。股线的另一边也做同样的处理。

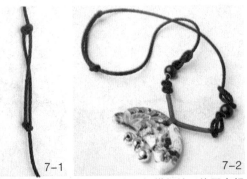

7-1

7-2

7. 最后，两根线分别在对方上打搭扣结，使两者相连即成。

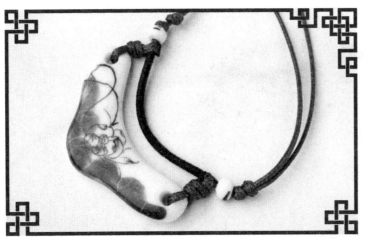

清 荷

滴绿的清荷荡曳在浅秋的风中，褪却了莲蕊的妖冶，圆阔的叶片便愈发青翠。

材料：一根150cm蜡绳，一段股线，两颗瓷珠，一个瓷片

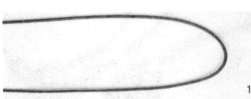

1. 将准备好的蜡绳在中心处对折。

2. 在中心处粘上双面胶，并缠绕上一段股线。

3. 在股线的两端各穿入一颗珠子。

4. 打单结将珠子固定。

5. 将瓷片取出，如图中所示，取两段蜡绳穿入瓷片上方的两个孔中。

6. 如图，将腊绳系在缠绕好的股线上。

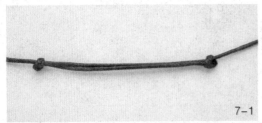

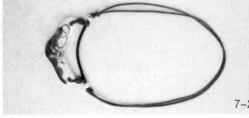

7. 最后，两根线分别在对方上打搭扣结，使项链两端相连。

墨 莲

　　水墨莲香，素衣云鬓，青衫隐隐，眉目温柔，唯愿缱绻三生，情深依旧。

　　材料：一根 100cm 蜡绳，一根 15cm 玉线，一段股线，两颗瓷珠，一个瓷片挂坠

1

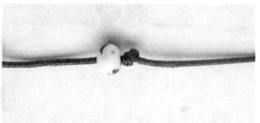

2

1.先拿出准备好的蜡绳。在蜡绳的中间偏右方打一个单结。

2.穿入一颗瓷珠。

3

4

3.留出 4cm 的位置，在另一侧同样穿入一颗瓷珠，打一个单结。

4.蜡绳的一端在另一端上打一个搭扣结。

5-1

5-2

5.蜡绳的两端分别在对方上打搭扣结，使得两端相连成圈。

6. 拿出准备好的瓷片和玉线。

7. 如图,将玉线缠绕在瓷片上。

8. 在蜡绳中央处粘上双面胶,然后缠上股线。

9. 股线缠到三分之一处时将瓷片穿入,继续缠绕股线。

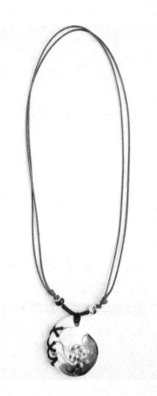

10. 将股线全部缠完即可。

繁 华

佛曰：三千繁华，弹指刹那，百年过后，不过一抔黄沙。

材料：一根 100cm 的 5 号线，一段股线，一块饰带，一颗瓷珠

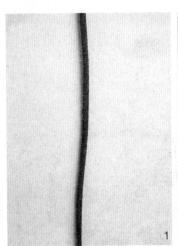

1. 准备好一根 5 号线。

2. 将线对折，留出一小段距离，在对折处打一个双联结。

3. 如图，在对折后的两根线上缠股线。

4. 缠到末尾时，穿入一颗瓷珠。

5. 最后，如图中所示，在项链的中间粘上一块饰带即可。

无 眠

夜凉如水，孤月独映，人无眠。

材料：一根 160cm 玉线，一段股线，一个瓷花

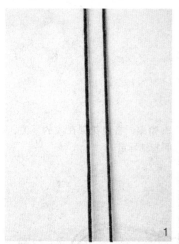

1. 将一根线对折。

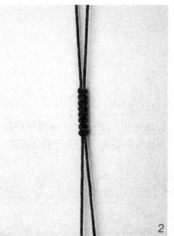

2. 对折后，在中心处开始编蛇结。

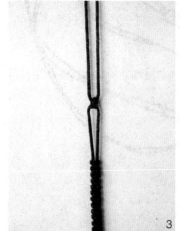

3. 编好一段蛇结后，打一个竖向双联结。

4. 再打一个蛇结。

5. 缠上一段股线。

6

7

8

6. 再打一个蛇结。此时项链的一
半已经完成，按照相同步骤编制项
链的另一半。

7. 编好后，取一段玉线如图中所
示挂在中心处，并打两个蛇结固定。

8. 如图，将瓷花穿在线的下方，
再打结固定。

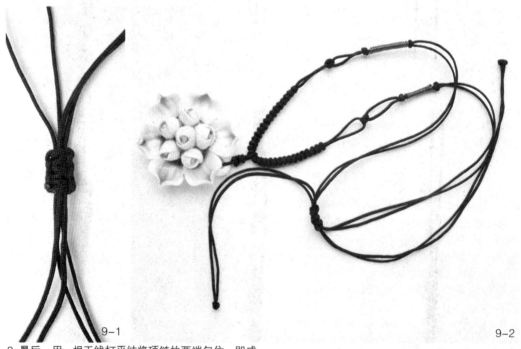

9-1

9-2

9. 最后，用一根玉线打平结将项链的两端包住，即成。

琴声如诉

琴声中，任一颗心慢慢沉静下来。浮躁世界滚滚红尘，唯愿内心如清风朗月。

材料：一根 60cm 璎珞线，四根 30cm 玉线，一段股线，一个招福猫挂坠

1

2

3

4

5

1. 将一根璎珞线作为中心线。

2. 取两根玉线，将其粘在璎珞线的一端，在其连接处缠上一段股线。在璎珞线的另一端也做同样的处理。

3. 接着用玉线打一个单结。

4. 在璎珞线的中心处偏上方，如图中所示缠上两段股线。在璎珞线的另一端，与其对称处同样缠上两段股线。

5. 取一根玉线，挂在璎珞线的中心处。

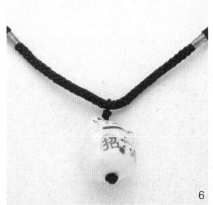

6

7-1

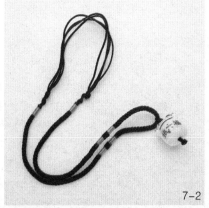

7-2

6. 将准备好的招福猫挂坠穿入挂在璎珞线中心处的玉线上。

7. 用结尾的玉线，相互打搭扣结，将项链的首尾两端相连。

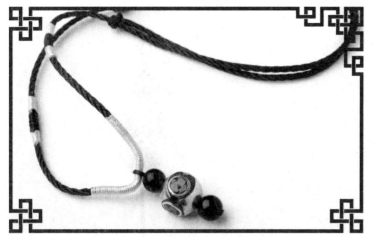

花如许

阅尽天涯离别苦，不道归来，零落花如许。

材料：一根120cm璎珞线，一根玉线，两颗黑珠，一颗藏珠，两种颜色的股线

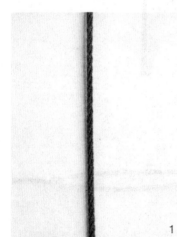

1

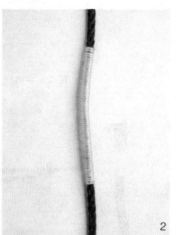

2

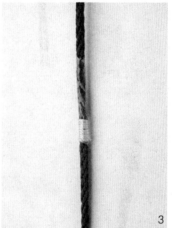

3

1. 先拿出璎珞线。

2. 在璎珞线的中心处缠绕一段股线。

3. 在缠好的股线左右两边相隔6cm处，缠上一段双面胶，分别缠绕股线。

4

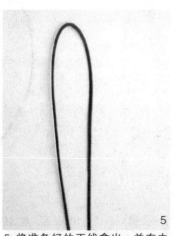

5

6

4. 按照图中所示，缠绕两小股股线。

5. 将准备好的玉线拿出，并在中心处对折，开始做项链的坠子部分。

6. 如图，将一颗黑珠穿入。注意，在对折处留出一个圈。

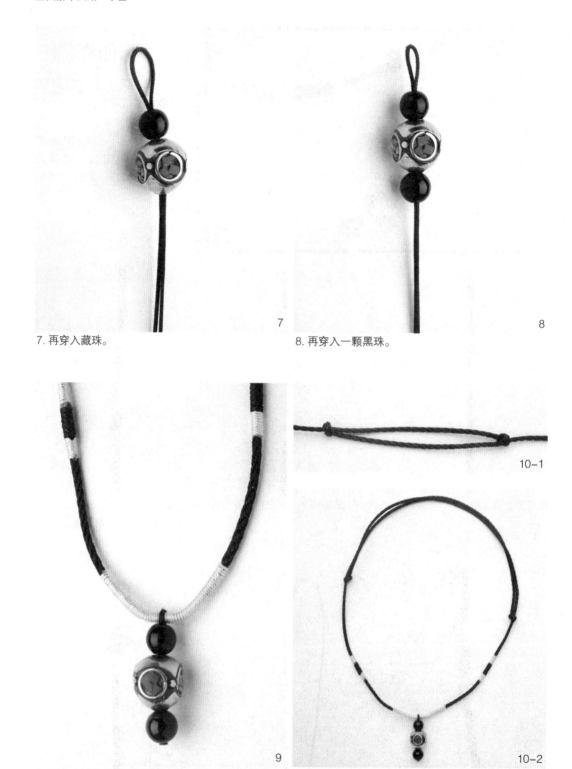

7

8

7. 再穿入藏珠。

8. 再穿入一颗黑珠。

10-1

9

10-2

9. 如图，将做好的坠子穿入璎珞线中心处缠好股线的部分。注意将顶部的圈抽紧，使其正好卡在股线上，并将多余的线头剪去，烧粘固定。

10. 最后，尾端的两根线各自在对方上面打搭扣结，使项链两端相连。

人之初

没有人能够一直单纯到底，但要记得，无论何时都不要忘了最初的自己。

材料：一根300cm璎珞线，七颗方形瓷珠

1

2

3

4

1.拿出准备好的璎珞线。

2.在中心处对折，然后在顶端打一个纽扣结。

3.在纽扣结上方穿入一颗方形瓷珠。

4.再打一个纽扣结。

5

6

7

5.穿入一颗瓷珠，再打一个纽扣结，然后如图中所示将两根线交叉穿入一颗瓷珠中。

6.将两条线拉紧，项链的坠子部分就完成了。

7.如图，瓷珠左右两根线分别打一个单线纽扣结。

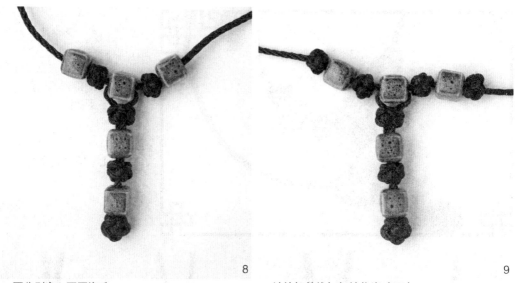

8

9

8. 再分别穿入两颗瓷珠。

9. 继续打单线纽扣结将瓷珠固定。

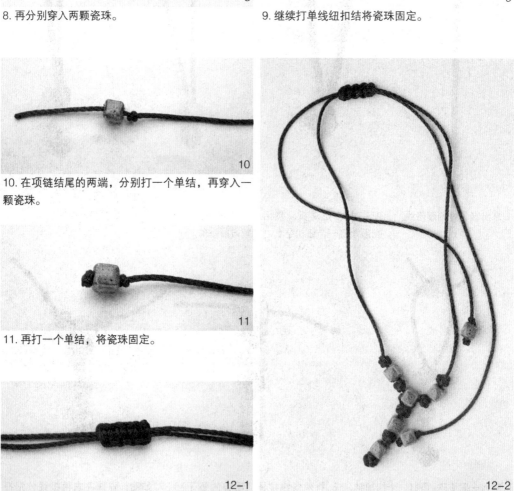

10

10. 在项链结尾的两端，分别打一个单结，再穿入一颗瓷珠。

11

11. 再打一个单结，将瓷珠固定。

12-1

12-2

12. 最后，取一段璎珞线打平结将项链的首尾两端包住，即成。

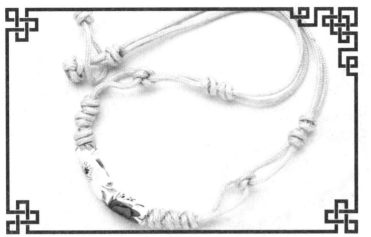

温 柔

给你倾城的温柔，祭我半世的流离。

材料：一根160cm玉线，一个玫瑰弯管

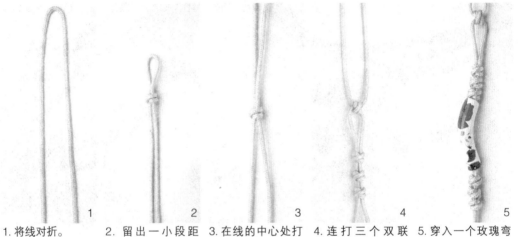

1   2   3   4   5

1. 将线对折。

2. 留出一小段距离，然后打一个双联结。

3. 在线的中心处打双联结。

4. 连打三个双联结，再打一个竖向双联结。

5. 穿入一个玫瑰弯管，再连打三个双联结。

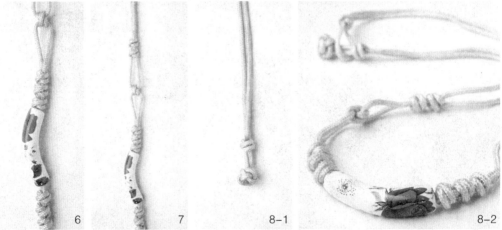

6   7   8-1   8-2

6. 再打一个竖向双联结。

7. 再打两个双联结。

8. 打一个双联结，再打一个纽扣结即可。

四月天

"你是一树一树的花开，是燕在梁间呢喃；你是爱，是暖，是希望，你是人间的四月天。"

材料：一根150cm的5号线，一根玉线，一个瓷花，两颗瓷珠，一段股线

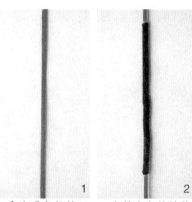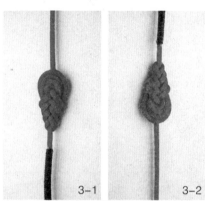

1. 拿出准备好的一根5号线。

2. 在其中心处缠绕一段股线。

3. 在股线的两端分别打一个凤尾结。

4. 将瓷花穿入玉线中，并如图中所示，打一个双联结，将瓷花固定。

5. 然后，如图中所示，将瓷花挂在缠好的股线中间，并打单结将其固定。

6. 在线的尾端各穿入两颗瓷珠。

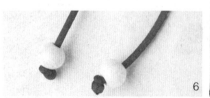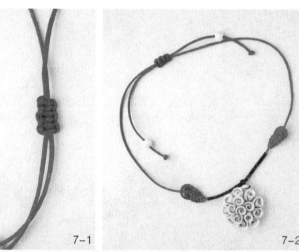

7. 最后，取一段5号线打平结，将项链尾端的两条线包住，使其相连。

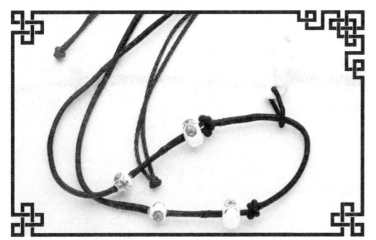

水 滴

以一滴水的平静，面对波澜不惊的人生。

材料：两根100cm璎珞线，四颗瓷珠，一颗挂坠，一段股线

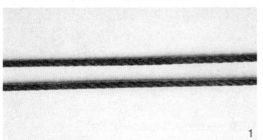

1. 将两根线并排放置。

2. 在两根线的中央缠上股线。

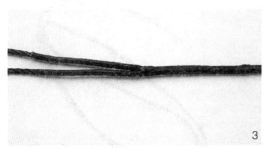

3. 然后分别在两根线上缠股线。

4. 缠好一段后，在分岔处打一个蛇结。

5. 穿入一颗瓷珠。

6. 继续在两根线上缠股线。

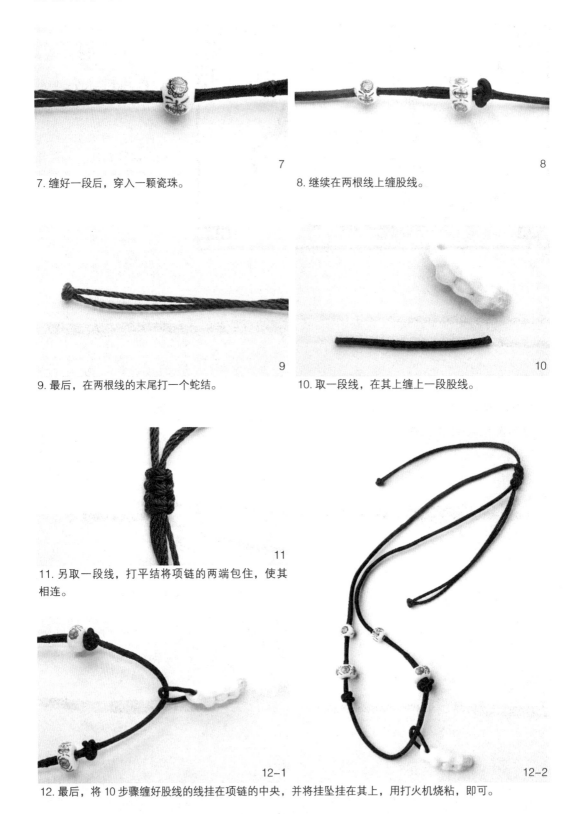

7

8

7. 缠好一段后，穿入一颗瓷珠。

8. 继续在两根线上缠股线。

9

10

9. 最后，在两根线的末尾打一个蛇结。

10. 取一段线，在其上缠上一段股线。

11

11. 另取一段线，打平结将项链的两端包住，使其相连。

12-1

12-2

12. 最后，将10步骤缠好股线的线挂在项链的中央，并将挂坠挂在其上，用打火机烧粘，即可。

第五章

发 饰

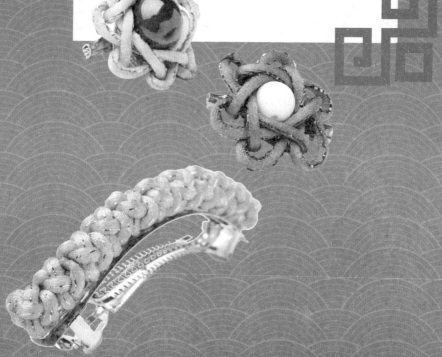

锦 心

手写瑶笺被雨淋，模糊点画费探寻，纵然灭却书中字，难灭情人一片心。

材料：一根40cm的5号夹金线，一颗珠子，一个别针

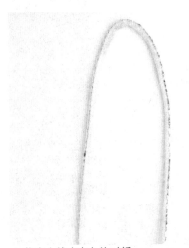

1. 将夹金线在中心处对折。

2. 编一个空心八耳团锦结。

3

4

3. 编好后，将线头剪去，烧粘，将珠子嵌入结体的中央。 4. 最后，将结粘在别针上，即成。

永 恒

予独爱世间三物。昼之
日，夜之月，汝之永恒。

材料：一根 60cm 扁线，
一个别针，热熔胶

1

1. 准备一根扁线。

2

2. 在其中心部位编一个双钱结。

3

3. 如图，再编一个双钱结。

4

4. 调整结形，使两个双钱结互相贴近，以便适合别针的长度。

5-1

5. 最后用热熔胶将结体与别针粘连。

5-2

春 意

花开正妍，无端弄得花香沾满衣；情如花期，自有锁不住的浓浓春意。

材料：一根80cm的5号夹金线，一颗珍珠串珠，一个别针

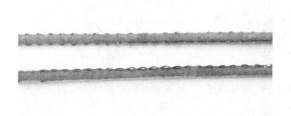

1

1. 将夹金线对折成两根线。

2

2. 编一个双线双钱结，注意将中间的空隙留出。

3

3. 将串珠嵌入结体中间的空隙中。

4

4. 最后，将整个结体粘在别针上面即成。

忘 川

楼山之外人未还。人未还，雁字回首，早过忘川。抚琴之人泪满衫，扬花萧萧落满肩。

材料：一根80cm扁线，一颗白色珠子，一个别针

1

2

3

1. 将准备好的扁线对折。

2. 用对折后的扁线编一个吉祥结。

3. 在编好的吉祥结中心嵌入一颗白色珠子。

4

5

4. 将下方的线剪至合适的长度，用打火机将其烧连在一起。胸针的主体部分就完成了。

5. 将别针准备好。

6-1

6-2

6. 用热熔胶将编好的吉祥结粘在别针上即成。

唯 一

一叶绽放一追寻，一花盛开一世界，一生相思为一人。

材料：一个发夹，一根 50cm 的 4 号夹金线，热熔胶

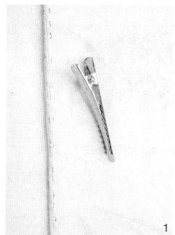

1

1. 准备好一根线和一个发夹。

2

2. 用 4 号夹金线编好一个发簪结。

3

3. 将结收紧到合适的大小，剪去线头，用打火机烧粘。

4-1

4-2

4. 用热熔胶将编好的发簪结粘在发夹上，即可。

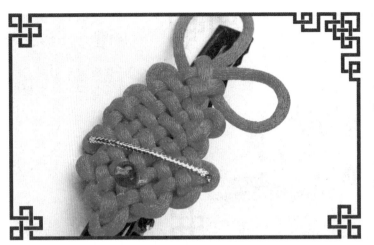

春 晓

天若有情天亦老，此情
说便说不了。说不了，一声
唤起，又惊春晓。

材料：一根 100cm 的 5
号线，一颗塑料珠，一段金
线，一个发卡

1

1.拿出准备好的 5 号线。

2.编一个鱼结，编好后，如图将金线穿入其中。

3

3.将一颗塑料珠粘在小鱼的头部当作眼睛。

4

4.拿出发夹。

5-1

5-2

5.用热熔胶将编好的结和发夹粘在一起，即成。

朝 云

殷勤借问家何处，不在红尘。若是朝云，宜作今宵梦里人。

材料：一根 50cm 的 5 号夹金线，一个发夹，热熔胶

1

1. 将夹金线对折成两根线。

2

2. 对折后，注意一根线短，一根线长，开始编琵琶结。

3

3. 编好琵琶结后，将线头剪去，烧粘，准备好发夹。

4-1

4-2

4. 用热熔胶将编好的琵琶结粘在发夹上，即成。

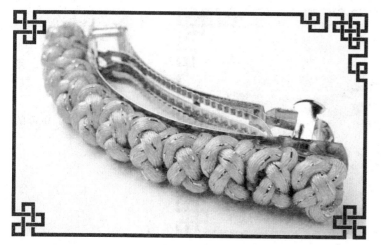

小 桥

犹记得小桥上你我初见面，柳丝正长，桃花正艳，你的眼底眉间巧笑嫣嫣，我独认得暗藏其中的情意无限……

材料：一根 80cm 的 4 号夹金线，一个发卡，热熔胶

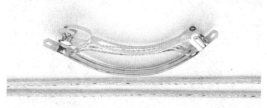

1. 准备好一个发卡，一根 4 号夹金线。

2. 将准备好的线对折，开始打纽扣结。

3. 根据发卡的长度打一段纽扣结。

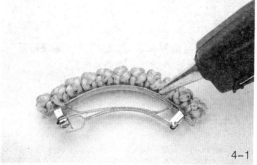

4. 用热熔胶将打好的纽扣结粘在发卡上，即成。

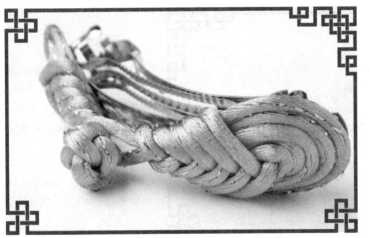

琵琶曲

情如风，意如烟，琵琶一曲过千年。

材料：两根 110cm 的 4 号线，一个发卡

1

2

3

4

1. 先用一根线编好一个琵琶结。

2. 再用另一根线打好一个纽扣结。

3. 接着，在下面编一个琵琶结。

4. 将编好的两个琵琶结整理好结形，剪去线头，烧粘，再扣在一起，一组琵琶结盘扣就做好了。

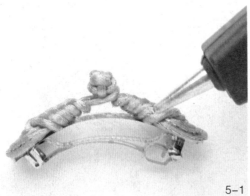

5-1

5-2

5. 用热熔胶将盘扣和发卡粘在一起，即可。

第六章

古典盘扣

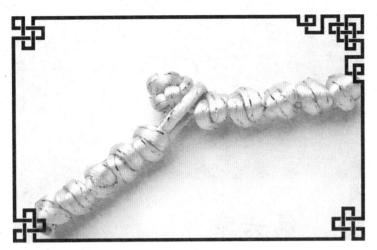

无尽相思

无情不似多情苦，一寸
还成千万缕。天涯地角有
穷时，只有相思无尽处。

材料：两根80cm的5
号夹金线

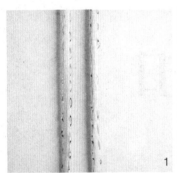

1. 将一根夹金线对折。

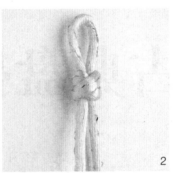

2. 在对折处留一小段距离，打一
个双联结。

3. 然后，连续打四个双联结，并
将末尾的线剪去，烧粘。

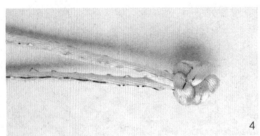

4. 取出另一根线，对折，然后打一个纽扣结作为开头。

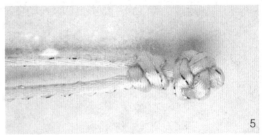

5. 在纽扣结下方打一个双联结。

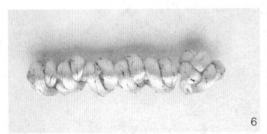

6. 继续打四个双联结，剪去线头，烧粘即可。

7. 最后，将两个结体相扣，即成。

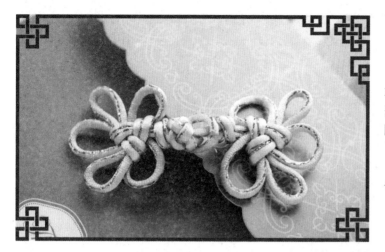

如梦人生

人生如梦，聚散分离，朝如春花暮凋零，几许相聚，几许分离，缘来缘去岂随心。

材料：两根 100cm 的 5 号夹金线

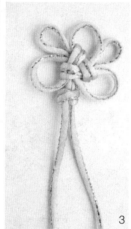

1. 取出一根 5 号夹金线。

2. 将其对折，然后编一个简式团锦结。

3. 编好后，如图，打一个双联结。

4. 剪去多余的线头，用打火机将其烧连成一个圈。

5. 再取出另一根线。同 2 步骤，编一个简式团锦结。

6. 编好后，打一个纽扣结。

7. 将多余的线头剪去烧粘后，再将两个结体相扣，即成。

259

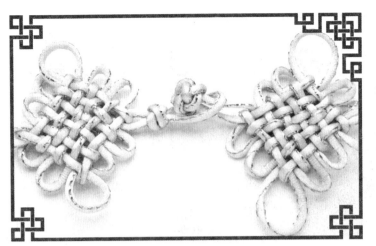

时光如水

时光如水，总是无言。
若你安好，便是晴天。

材料：两根5号夹金线

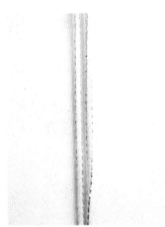

1

2

3

1.取出一根线，对折。

2.在对折处留一小段距离，先打一个双联结，然后在其下编一个三回盘长结。

3.将多余的线剪去，用打火机将其烧连成一个圈。

4

5

6

4.再取出另一根线，编一个三回盘长结，然后在其上方打一个纽扣结。

5.将编好的纽扣结上多余的线头剪去，用打火机烧粘。

6.最后，将编好的两个结体相扣，即成。

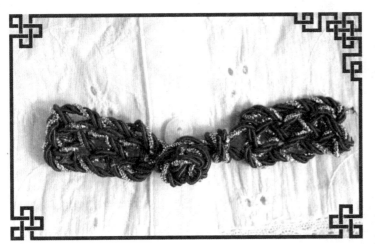

痴 情

好多年了，你一直在我的伤口中幽居，我放过天地，却从未放下过你，我生命中的千山万水，任你一一告别。

材料：两根 100cm 索线

1

1. 取出一根索线。

2

2. 将其对折后，打一个纽扣结。

3

3. 在纽扣结下方编一个发簪结。将多余的线头剪去，烧粘。

4

4. 再取出另一根索线。对折后，留出一小段距离，打一个双联结。

5

5. 在双联结下方编一个发簪结。

6

6. 将多余的线头剪去，烧粘。

7

7. 最后，如图，将两个结体相扣，即成。

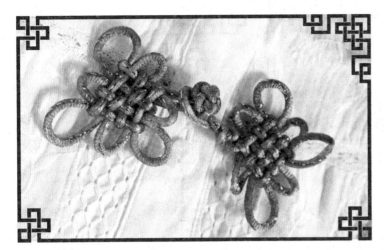

心有千千结

天不老，情难绝。心似双丝网，中有千千结。

材料：两根100cm的5号夹金线

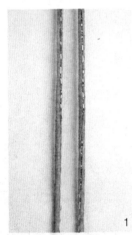

1

1.先将一根线对折。

2

2.留出一小段距离，打一个双联结，并在双联结的下方打一个二回盘长结。

3

3.将多余的线头剪去，用打火机烧连成一个圈。

4

4.再取出另一根线，先编一个二回盘长结。

5

5.在盘长结下方打一个纽扣结。

6

6.将纽扣结下方多余的线头剪去，并用打火机烧粘。

7

7.最后，将两个编好的结相扣，即成。

263

回 忆

我们总是离回忆太近，离自由太远，倒不如挣脱一切，任他烟消云散。

材料：两根 60cm 璎珞线

1

2

3

4

1.先将一根线对折。

2.留出一小段距离，打一个双联结。

3.在双联结下方编一个双线双钱结。

4.再拿出另一根线，对折后打一个纽扣结。

5

6

5.在纽扣结下方打一个双线双钱结。

6.将两个编好的结扣在一起即可。

云 烟

　　我以为已经将你藏好了，藏得那样深，却在某一个时刻，我发现，种种前尘往事早已经散若云烟。

　　材料：两根 100cm 的 5 号夹金线

1

1. 先取出一根夹金线。

2

2. 对折后，编一个吉祥结。

3

3. 如图，再编一个纽扣结。

4

4. 将纽扣结上多余线头剪去，烧粘。

5

5. 再取出另一根夹金线，编一个吉祥结。

6

6. 编好后，将多余线头剪去，用打火机烧连成一个圈。最后，将两结相扣即可。

往事流芳

思往事，惜流芳。易成伤。拟歌先敛，欲笑还颦，最断人肠！

材料：两根 100cm 的 5 号夹金线

1

1. 将一根线对折。

2

2. 对折后打一个纽扣结。注意将顶端留出一个线圈。

3

3. 接着打纽扣结。

4

4. 连续打五个纽扣结后，将多余的线剪去，烧粘。

5

5. 再取出另外一条线。对折后，直接打一个纽扣结。

6

6. 隔出一点距离后，接着打纽扣结。

7

7. 连续打完五个纽扣结后，收尾。将线头剪去，烧粘。

8

8. 最后，将两个编好的结体相扣即成。

来生缘

泪滴千千万万行，更使人、愁肠断。要见无因见，拚了终难拚。若是前生未有缘，待重结，来生缘。

材料：两根 100cm 的 5 号夹金线

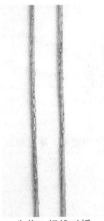

1

1.先将一根线对折。

2

2.留出一小段距离，打一个双联结。

3

3.在双联结下方打双钱结。

4

4.继续打双钱结，共打五个连续的双钱结，剪去线头，烧粘。

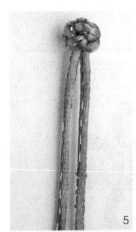

5

5.再取另一根线，对折后，打一个纽扣结。

6

6.在纽扣结下方打双钱结。

7

7.继续打双钱结，同样打五个双钱结，并将线头剪去，烧粘即可。

8

8.最后，将两个编好的结体相扣，即成。

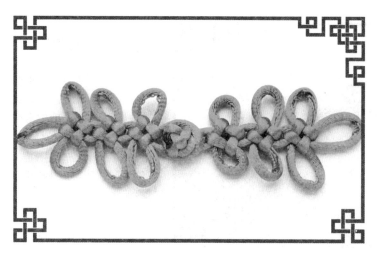

一诺天涯

一壶清酒，一树桃花，谁在说着谁的情话，谁又想去谁的天涯。

材料：两根 80cm 的 5 号线

1

1. 先取出一根 5 号线。

2

2. 如图，将其对折后，留出一小段距离，连续编三个酢浆草结。

3

3. 编好后，将末尾的线头剪至合适的长度，并用打火机将其烧连成一个圈。

4

4. 再取出第二根线。同 3 步骤，将其对折，编三个连续的酢浆草结。最后，在其尾部打一个纽扣结。

5

5. 将 4 步骤编好的纽扣结剪去多余线头，然后用打火机烧粘。最后，如图中所示，将编好的两个结体相扣，即成。

第七章

耳 环

知 秋

那经春历夏的苦苦相守，内里的缱绻流连，终熬不过秋的萧瑟，任自己悄然而落。于是，人们都懂得：一叶落，而知天下秋。

材料：约30cm的5号线两根，20cm的A玉线两根，耳钩一对

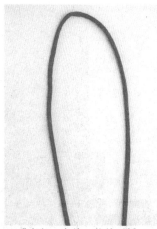

1. 准备好一条线，将线对折。

2. 在线的两端各打一个凤尾结并拉紧成结。将两个结的线头剪去，并用打火机烧粘捏紧。

3. 如图，拿出准备好的玉线打一个双向平结，将两个凤尾结捆绑。

4. 平结打好，将多余线头剪去，用打火机烧粘固定。

5. 将耳钩穿入，一只凤尾结耳环完成。依同样方法完成另一只即可。

结 缘

我别无他想，只愿与你
在云林深处，结一段尘缘。

材料：玉线两根，串
珠两个，耳钩一对

1 2 3

1. 将串珠穿入线绳内。　2. 然后打一个双钱结。　3. 将打好的双钱结抽紧，再打一
个双联结固定。

4 5-1 5-2

4. 将多余线头剪去，并用打火机　5. 将耳钩穿入线绳，一只双钱结耳环完成。另一只制作方法同上。
烧连。

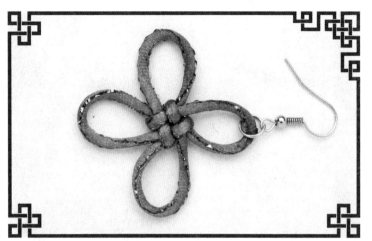

流 年

梧叶落遍，北燕南翔，赏不尽的风月，怀不尽的离人，望不尽的归路。

材料：约 30cm 夹金线两根，耳钩一对

1

1. 将选好的线对折。

2

2. 编一个酢浆草结。小心将结抽紧，固定（如需要可涂上胶水固定）。

3

3. 将结尾未连接的部分用打火机烧粘在一起。

4

4. 将耳钩挂在酢浆草结其中一个耳翼上，一只酢浆草结耳环即成。另一只做法与此相同。

流 逝

宿命中的游离、破碎的激情、精致的美丽，却易碎且易逝。

材料：两根80cm的6号线，两颗青花瓷珠，一对耳钩

1

2

3

1. 拿出准备好的一根6号线。

2. 先编一个简式团锦结。

3. 编好后，在结的下方穿入一颗青花瓷珠。

4-1

4-2

4. 将整个结体倒置，将线的尾部剪至合适的位置，用打火机烧连成一个圈，最后穿入一个耳钩，一只耳环就做好了。另一只耳环的做法同上。

锦 时

你要相信：你的好时光那么多，后来一定有别人等在那里，会对你好。

材料：两根 30cm 的 7 号线，两颗大塑料珠，四颗黑色小珠，一对耳钩

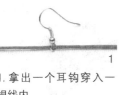

1

1. 拿出一个耳钩穿入一根线内。

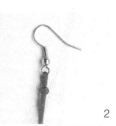

2

2. 打一个蛇结将耳钩固定。

3

3. 在蛇结下方打一个万字结。

4

4. 再打一个蛇结。

5

5. 穿入一颗大塑料珠。

6

6. 打一个双联结将珠子固定。

7-1

7-2

7-3

7. 最后，在每根线上分别穿入一颗小黑珠，一只耳坠就做好了。另一只耳坠的做法同上。

泪珠儿

送你苹果会腐烂，送你玫瑰会枯萎，送你葡萄会压坏，只好给你我的眼泪。

材料：两根 30cm 玉线，两个白色小瓷珠，一对耳钩

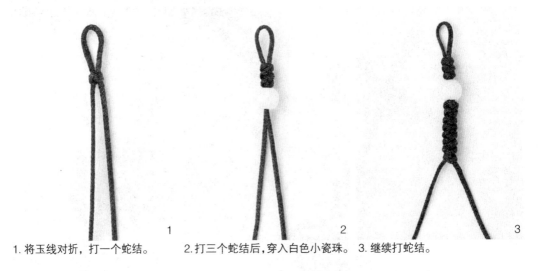

1

2

3

1. 将玉线对折，打一个蛇结。　2. 打三个蛇结后，穿入白色小瓷珠。　3. 继续打蛇结。

4

5

4. 打完足够长度的蛇结后，留出一段线，系在第一个蛇结下方。

5. 将耳钩穿入顶部的圈内即成一只。另一只做法相同。

夏 言

有谁知道，夏日的南方在树叶的黑绿中，绵绵的潮湿里，无言地思念着冬日的北方……

材料：两根 40cm 扁线，一对耳钩，两个小铁环

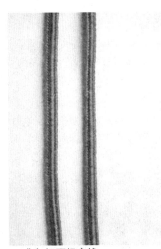

1

1.准备好两根扁线。

2

2.先取出一根扁线，对折后留出一小段距离，打一个双联结。

3

3.在双联结下方，开始编笼目结。

4

4.编好后，将多余的线剪去，然后用打火机烧粘。

5-1

5-2

5.最后，将挂上小铁环的耳钩穿入双联结的上方，一只耳环就完成了。同法做出另一只耳环即可。

绿荫

一颗温柔的泪落在我枯涩的眼里，一点幽凉的雨滴进我憔悴的梦里，是不是会长成一树绿荫来覆荫我自己。

材料：一根 30cm 黑色玉线，五根 30cm 的 5 号线，一对耳钩，两个小铁环

1

2

3

1. 用红色 5 号线编 5 个纽扣结，注意每个纽扣结上端要留出一个圈。

2. 将黑色玉线对折。

3. 将编好的纽扣结穿入黑色玉线中。

4

5-1

5-2

4. 在黑色玉线上端打凤尾结，烧粘。

5. 在打好的凤尾结前端穿入耳钩即可。按照同样的步骤再做一个。

岁 月

他们说，岁月会抚平各种各样的伤痛，他们却不知，岁月也会蚕食掉这样那样的真情。

材料：50cm 的 6 号线两根，耳钩一对

1

1. 拿出准备好的一根线。

2. 用这根线的一半编两股辫。

3

4

3. 再用另一半打一个纽扣结。

4. 用热熔胶将两股辫和纽扣相粘连。

5-1

5-2

5. 最后在两股辫的顶端穿入耳钩。另一只做法同上。

蓝色雨

开始或结局已经不那么重要，纵使我还在原地，那场蓝色雨已经远离。

材料：50cm 的 6 号线两根，银色串珠八个，珠针两个，花托两个，耳钩一对

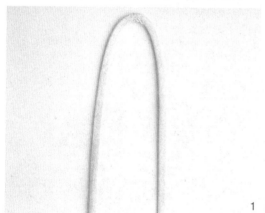

1

1. 将准备好的线对折。

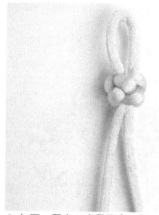

2

2. 如图，留出一小段距离，打一个纽扣结。

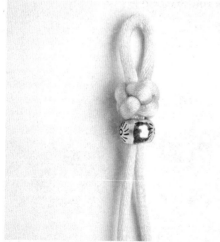

3

3. 在纽扣结下方穿入一颗珠子。

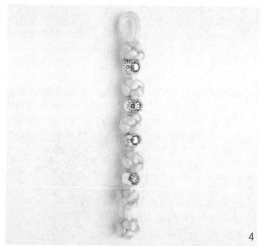

4

4. 然后，打一个纽扣结，再穿入一颗珠子，共打 5 个纽扣结，穿入 4 颗珠子。最后，稍稍留出空余后，再打一个纽扣结。

5

6

5. 将最后的纽扣结穿入顶端的圈内，使得主体部位相连。

6. 如图，从相连的纽扣结下方插入一根珠针。

7

8

7. 在珠针上套入一个花托。

8. 将珠针的尾部弯成一个圈。

9-1

9-2

9. 将耳钩穿入即可，另一只制作步骤与此相同。

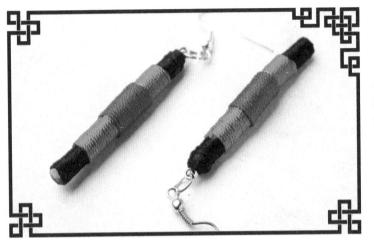

刹那芳华

轻吟一句情话，执笔一幅情画。绽放一地情花，覆盖一片青瓦。共饮一杯清茶，同研一碗青砂。

材料：两根5cm的3号线，两个9针，一对耳钩，三种不同颜色股线

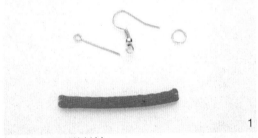

1

1.准备好要用的材料。

2

2.将9针穿入线的一端。

3

3.在线上缠绕一层黑色股线。

4

4.在黑线中间缠绕一段蓝色股线。

5

5.最后，再在蓝线中间缠绕一段红色股线。

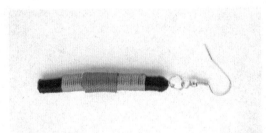

6-1

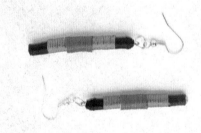

6-2

6.将耳钩穿入9针上，一只耳坠就完成了，另一只做法同上。

荼蘼

　　天色尚早，清风不燥，繁花未开至荼蘼，我还有时间，可以记住你的脸、你的眉眼……

　　材料：120cm 的 5 号线两根，白珠两颗，耳钩一对

1

2

1. 取一根线编一个琵琶结，将多余的线头剪去，烧粘。　2. 将一颗白珠粘在琵琶结的下部的中央。

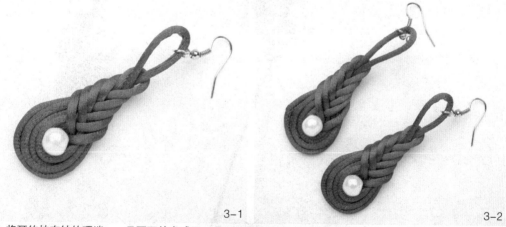

3-1

3-2

3. 将耳钩挂在结的顶端，一只耳环就完成了。另一只做法同上。

山桃犯

山桃的红，泼辣地一路红下去，犯了青山绿水，又无端将春色搅了个天翻地覆。

材料：两根 80cm 玉线，四颗玛瑙串珠，两颗木珠，四颗黑珠，一对耳钩

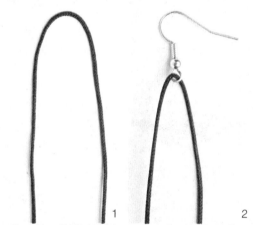

1. 将一根玉线在中心处对折。

2. 将一个耳钩穿入线内。

3. 打一个双联结，将耳钩固定。

4. 穿入一颗玛瑙串珠。

5. 打一个纽扣结，将串珠固定。

6. 另取一根线打一个菠萝结，穿入纽扣结下方。

7. 再打一个纽扣结，将菠萝结固定。

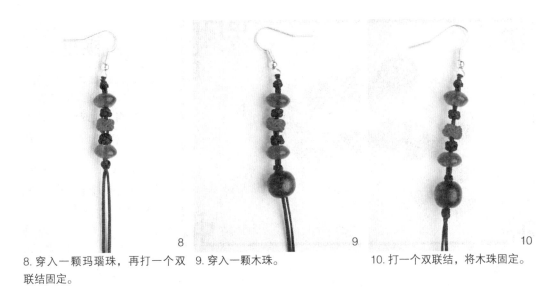

8 9 10

8. 穿入一颗玛瑙珠，再打一个双
联结固定。

9. 穿入一颗木珠。

10. 打一个双联结，将木珠固定。

11

11. 在结尾的两根线上分别穿入一颗黑珠。

12-1 12-2 12-3

12. 最后，打单结将黑珠固定，即成。另一只耳环的做法同上。

独 白

走到途中才发现，我只剩下一副模糊的面目，和一条不能回头的路。

材料：两根 30cm 的 5 号线，两个金属珠，两个高温结晶珠，一对耳钩

1

2

3

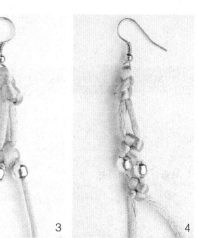

4

1. 将耳钩穿入线内。

2. 打一个单结将耳钩固定住，在下方 3cm 处打一个十字结。

3. 在下方的两条线上分别穿入一个金属珠。

4. 再打一个十字结将金属珠固定。

5

6-1

6-2

5. 在下方的两条线上分别穿入一个高温结晶珠。

6. 打单结将珠子固定住，一只耳环就完成了。另一只耳环的做法同上。

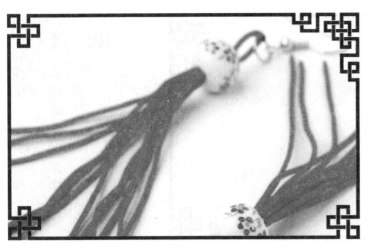

解语花

一串挂在窗前的解语花风铃，无论吹来什么样的风，都能发出一样清脆的声音……

材料：两束流苏线，两个青花瓷珠，两个小铁环，一对耳钩

1

2

1. 准备好一束流苏线。

2. 取一条线将流苏线的中央系紧。

3

4

3. 将系流苏的线拎起，穿入一颗青花瓷珠，作为流苏头套在流苏上。再将系流苏的线剪到合适的长度，用打火机烧连成一个圈。

4. 将耳钩穿入顶部的圈内，再将流苏底部的线剪齐即可。

香雪海

繁花落尽，但我心中仍然听见花落的声音，一朵一朵，一树一树，落成一片香雪海。

材料：两根30cm的4号线，两个大孔瓷珠，一对耳钩

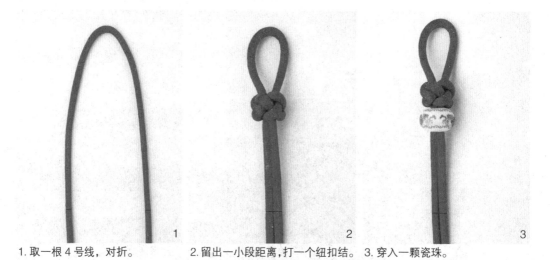

1. 取一根4号线，对折。　　2. 留出一小段距离，打一个纽扣结。　　3. 穿入一颗瓷珠。

4. 将多余线头剪去，烧粘，将瓷珠固定住。　　5. 在顶部穿入耳钩，一只耳环完成。另一只制作方法同上。

不羁的风

我回来寻找那时的梦，却看到，不羁的风终于变成被囚禁的鸟。

材料：两根80cm的5号夹金线，两颗瓷珠，一对耳钩

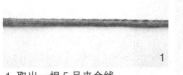

1.取出一根5号夹金线。

2.将耳钩穿入线内。

3.如图,打一个双联结将耳钩固定。

4.在双联结下方编一个二回盘长结。

5-1

5-2

5.在盘长结的下方穿入一颗瓷珠，并剪去线头，烧粘将瓷珠固定。一只耳环就完成了。另一只耳环做法同上。

乐未央

　　初春的风，送来远处的胡琴声，和一丝似有若无的低吟，这厢听得耳热，那厢唱得悲凉……

　　材料：两根细铁丝，两根 30cm 的 5 号线，两块饰带，一对耳钩，两个小铁环

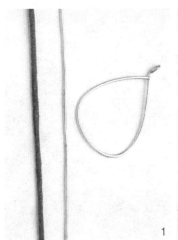

1

2

3

1. 将线材和铁丝取出，用钳子将铁丝弯成图中的形状。

2. 如图，在铁丝上粘上双面胶，然后将 5 号线缠绕在铁丝上。

3. 缠绕完之后的形状如图。

4

5-1

5-2

4. 将耳钩穿上小铁环，然后挂在铁丝顶端的圈里。

5. 最后，如图，将饰带粘在耳环的下方。一只耳环就完成了。另一只耳环的做法同上。

迷迭香

留住所有的回忆，封印一整个夏天，献祭一株迷迭香。

材料：两根不同颜色的玉线，一对耳钩，八个小藏银管

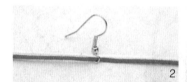

1. 将两根不同颜色的玉线并排放置。

2. 将耳钩穿入两根线的中央。

3. 如图，打一个蛇结，将耳钩固定。

4. 在蛇结下方，编一个吉祥结。

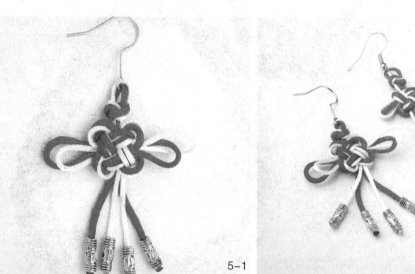

5-1

5-2

5. 将吉祥结下方的四根线剪短，然后在每根线上分别穿入一颗藏银管，一只耳坠就完成了。另一只耳环做法同上。

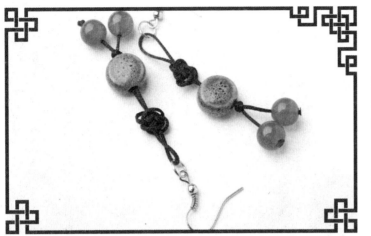

流 云

如一抹流云，说走就走，不为谁而停留，这就是人生最华美的奢侈，也是最灿烂的自由。

材料：两根 80cm 玉线，两颗瓷珠，四颗玛瑙珠，一对耳钩，两个小铁环

1

1. 拿出准备好的一根玉线及其他材料。

2

2. 将玉线对折，留出一小段距离，然后打一个藻井结。

3

3. 在藻井结下方穿入一颗瓷珠。

4

4. 在瓷珠下方打一个双联结，然后在两根线上各穿入一颗玛瑙珠。

5

5. 最后，打单结将玛瑙珠固定，烧粘即成。另一只做法同上。

圆 舞

有一种舞蹈叫作圆舞，只要不停，只要跳下去，无论转到哪里，都会和命中的那个人相遇。

材料：两根 100cm 玉线，两颗绿松石，一对耳钩，两个胶圈，两个小铁环

1

2

3

4

1.先取一个耳钩和一个小铁环，将其穿入一根玉线内。

2.打一个蛇结，将耳钩固定。

3.如图，在一根线上穿入一颗绿松石。

4.如图，将一个胶圈穿入线内，并套住穿好的绿松石。

5

6-1

6-2

5.用两根玉线，分别在胶圈上打雀头结，将胶圈包住。

6.将多余的线头剪去，烧粘即可。另一个耳环的做法同上。

第八章

戒　指

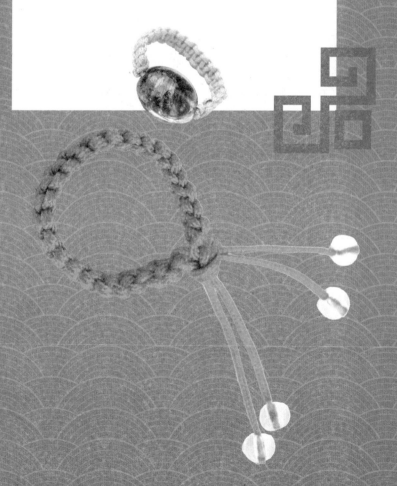

相思成灰

独自一个人，盛极，相思至灰败。

材料：一根 30cm 的 5 号线

1

1. 准备好一根 5 号线。

2. 将线对折，编一段两股辫。

2

3

3. 编到合适长度后，打一个蛇结将两股辫固定。

4

4. 再打一个双联结作为结尾。

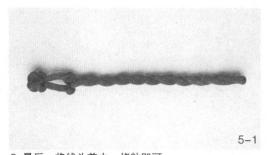

5-1

5-2

5. 最后，将线头剪去，烧粘即可。

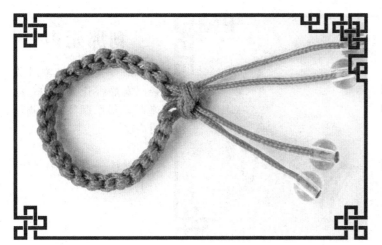

蓝色舞者

她们，踮着脚尖，怀揣着一个斑斓的世界，孑然独行着……

材料：一根 80cm 玉线，四颗塑料珠

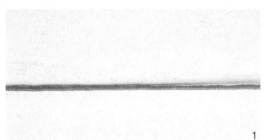

1. 拿出准备好的一根玉线。

2. 开始编锁结，注意开头留出一段距离。

3. 编到合适长度后，将线抽紧。

4. 如图，用两端的线打一个蛇结，使其相连。

5. 最后，在每根线的末尾穿入一颗塑料珠，烧粘即成。

刹那无声

回首一刹那，岁月无声，安静得让人害怕，原来时光早已翩然，与我擦身而过。

材料：一根 30cm 玉线，一个小藏银管

1

1. 将玉线对折后，剪断，成两条线。

2

2. 将小藏银管穿入两条线内。

3

3. 从藏银管两侧分别打蛇结。

4

4. 编到一定长度后，用一段线编秘鲁结将戒指的两端相连。

5

5. 将多余的线头剪掉，烧粘即可。

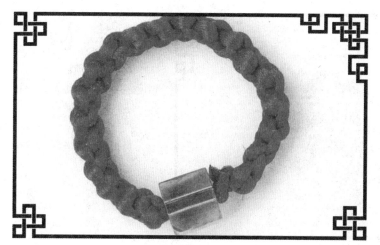

花 事

愿成为一朵小花，轻轻浅浅地，开在你必经的路旁，为你撒一路芬芳……

材料：一根 60cm 的 7 号线，一颗水晶串珠

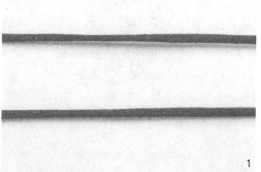

1

1. 将线对折成两根。

2

2. 开始编锁结。

3

3. 编至合适的长度后，将锁结收紧。

4

4. 将水晶串珠穿入锁结末端的线内，再将线穿入锁结前端的圈内，将多余的线头剪去，烧粘将其固定，即可。

宿债

我以为宿债已偿，想要忘记你的眉眼，谁知，一转头，你的笑兀自显现。

材料：两根 4 号夹金线

1

1. 先拿出一根夹金线。

2. 编一个双线双钱结，将多余的线剪去，烧粘。

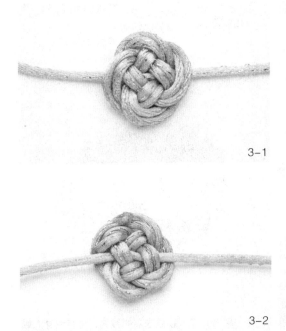

3-1

3-2

3. 取出另一根夹金线，穿过编好的结的下方。

4

4. 如图，将第二根线烧连成一个圈即可。

如 酒

寂寞浓到如酒，令人微
醺，却又有别样的温暖落在
人心。

材料：一根 20cm 的 5
号线，一根 10cm 玉线，一
根 40cm 玉线

1. 拿出准备好的 5 号线。

2. 编一个纽扣结，将结抽紧，剪去线头，烧粘。

4. 玉线穿入纽扣结后，用打火机将两头烧连。

3. 将 10cm 玉线对折，穿入编好的纽扣结的下方。

5. 用另一根玉线在烧连成圈的玉线上打平结，最后，
将线头剪去，烧粘，即成。

远 游

大地上有青草，像阳光般蔓延，远游的人啊，你要走到底，直到和另一个自己相遇。

材料：一根 10cm 玉线，一根 30cm 玉线，一个串珠

1

1. 将短线拿出。

2. 将串珠穿入短线内。

3

3. 将短线用打火机烧粘，成一个圈。

4

4. 用长线在短线上打平结。

5

5. 打到最后，将线头剪去，用打火机烧粘即可。

倾 听

像这样静静地听，像河流凝神倾听自己的源头；像这样深深地嗅，直到知觉化为乌有。

材料：一根60cm的5号夹金线

1

1. 将一根线对折。

2

2. 在对折处编一个双钱结。

3-1

3-2

3. 接着编双钱结，编到合适的长度后，将结尾的两条线穿入开头的圈内，让其形成一个指环。

4-1

4-2

5

4. 为将指环固定，穿入圈中的两根线再次穿过开头的圈内，并将线拉紧。

5. 最后，将多余的线头剪去，用打火机烧粘，即可。

七 月

　　七月的孩子，喜欢白茉莉花的清香，喜欢大红罂粟的热烈；七月的孩子背着沉重的梦跳着生命的轮舞。

　　材料：一根 10cm 玉线，一根 30cm 玉线，一个玛瑙串珠

1. 将短线穿入玛瑙串珠中。

2. 将短线用打火机烧连成一个圈。

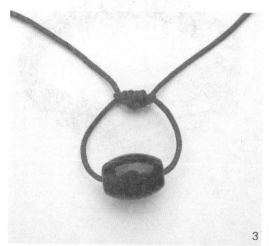

3. 用长线在短线上打单向平结。

4. 最后，将多余的线头剪去，用打火机烧粘即可。

经 年

往事浓淡，经年悲喜，
清如风，明如镜。

材料：两根玉线，一根
10cm，一根40cm，四颗方
形水晶串珠

1

2

1. 将 10cm 玉线准备好。

2. 将四颗水晶串珠如图中所示穿入线内，然后用打
火机将其烧连在一起。

3

3. 将短线用打火机烧粘，成一个圈。接着用长线绕
圈打平结。

4-2

4-1

4. 当平结将线圈全部包住后，剪去多余线头，用打火机烧粘，即成。

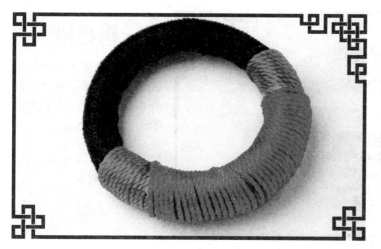

婉 约

我的温柔，我的体贴，都不如你想象的那样婉约……

材料：一根 10cm 的 3 号线，黑、蓝、红三种颜色的股线

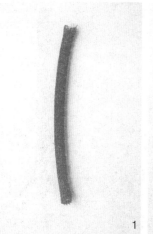

1

1. 准备好一根 3 号线。

2

2. 用打火机将线烧连成一个圈。

3

3. 在其上缠绕一层黑色股线。

4

4. 如图，继续缠绕一段蓝色股线。

5

5. 最后再在蓝线中间缠绕一段红色股线，即成。

梅花烙

问世间情为何物，看人间多少故事，我只愿在你的指间烙下一朵盛放的梅……

材料：一根40cm玉线，一颗塑料珠

1

1. 将玉线对折。

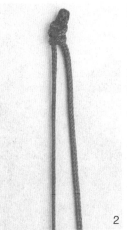

2

2. 用对折好的玉线编金刚结，注意，开头留下一个小圈的距离。

3

3. 将金刚结编到合适的长度。

4

4. 在一根线上穿入塑料珠。

5

5. 将穿好珠的线穿入开头留下的小圈中。

6

6. 最后，将多余的线头剪去，用打火机烧粘固定，即成。

第九章

手机吊饰

盛 世

江山如画，美人如诗，岁月静好，现世安稳，你还要一个怎么更好的世界？

材料：一根120cm的5号线，一颗扁形瓷珠，两颗小瓷珠

1

1. 先编一个绣球结。

2

2. 编好后，在下方打一个双联结。

3

3. 穿入一颗扁形瓷珠。

4

4. 再打一个双联结固定。

5-1

5-2

5. 最后，在线的尾端各穿入一颗小瓷珠，即成。

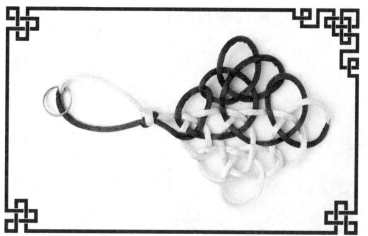

若 素

繁华尽处，寻一处无人山谷，铺一条青石小路，与你晨钟暮鼓，安之若素。

材料：两根不同颜色70cm 的 5 号线，一个钥匙圈

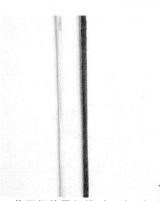

1

2

3

1. 将两根线平行排列，并用打火机将其烧连在一起。

2. 编一个十全结。

3. 编好后，在下方打一个双联结。

4

5

4. 将下方的线头剪至合适的长度，用打火机将其烧连成一个圈。

5. 将编好的结倒置，在上端的圈上穿入一个钥匙圈，即成。

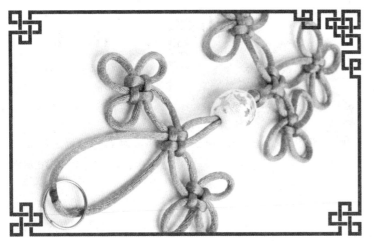

如 意

见你所见，爱你所爱，顺心，如意，如此了却一生，当是至幸。

材料：一根150cm的5号线，一颗粉彩瓷珠，一个钥匙圈

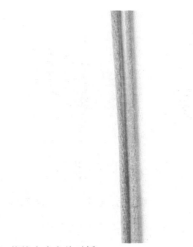

1

1. 将线在中心处对折。

2

2. 在对折处编一个酢浆草结。

3

3. 如图，在编好的一个酢浆草结的左右两侧各编一个酢浆草结。

4

4. 以编好的三个酢浆草结作为耳翼，编一个大的酢浆草结。

5

6

5. 编好后，打一个双联结，再穿入一颗瓷珠。

6. 接着，用左右两边的线分别编一个酢浆草结。

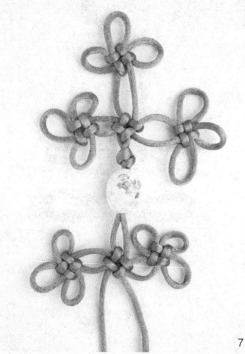

7

8

7. 如图，再以编好的两个酢浆草结为耳翼编一个酢浆草结。

8. 最后，将编好的结倒置，剪去多余线头，用打火机烧连成一个圈，最后穿入钥匙圈即可。

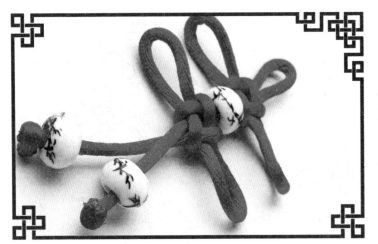

望

人世几多沧桑，迷途上只身徘徊，不忍回头望，唯见落花散水旁。

材料：一根 50cm 的 4号线，三颗大孔瓷珠

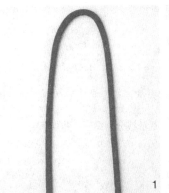

1. 将线对折。

2. 先编一个万字结。

3. 穿入一颗瓷珠。

4. 再编一个万字结。

5. 在尾端的两根线上分别穿入一颗瓷珠，打单结固定即可。

风 沙

如果说风沙是我们栖息的家园，那么粗犷就是我们唯一的语言。

材料：四根蜡绳，一个钥匙圈

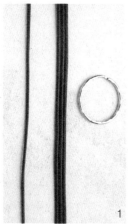

1

2

3-1   3-2

1. 准备好要用的材料。其中三根蜡绳并排放置。

2. 将三根蜡绳对折，穿过钥匙圈。另一根线在其上打平结。

3. 打好一段平结后，将中心的蜡绳分成两组，外侧的蜡绳如图中所示在其上打平结。

4

5

6-1   6-2

4. 将打好的结抽紧。

5. 编到合适的长度后，外侧的线在所有中心线上打平结，作为收尾。

6. 最后，将剩余的线修整剪齐。

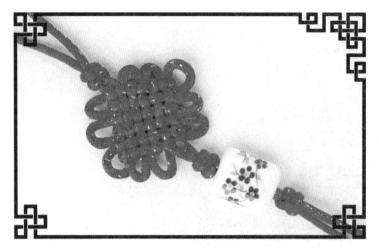

开运符

平安好运，福彩满堂。

材料：一根 200cm 的 5 号夹金线，一颗大扁瓷珠，两颗小圆瓷珠

1

2

3

4

1. 将线对折成两条。

2. 在线的对折处留出一小段距离，打一个双联结。

3. 在双联结下方编一个三回盘长结，注意将结体抽紧。

4. 在盘长结下方，打一个双联结。

5

6

7-1

7-2

5. 接着，穿入一颗大瓷珠。

6. 打一个双联结，将瓷珠固定。

7. 最后，在两根线上分别穿入一颗小瓷珠，并在末尾打单结将其固定。

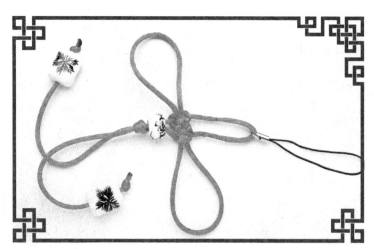

晚　霞

撒一片晚霞，网一段时光，留待你归时细细地赏。

材料：一根 80cm 的 5 号线，三颗瓷珠

1

3

1. 将准备好的线对折，开始编结。

2. 先编一个横藻井结，拉出耳翼。

3. 然后穿入一颗瓷珠，并打一个双联结固定。

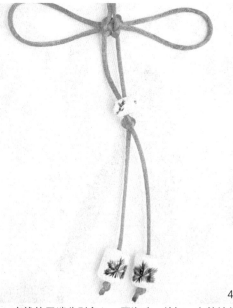

4-1

4-2

4. 在线的尾端分别穿入一颗瓷珠，并打一个单结作为结尾固定。

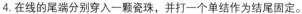

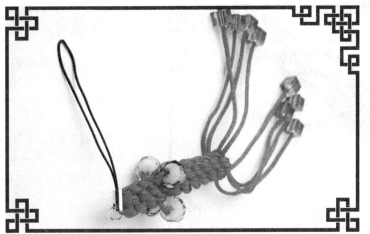

如 歌

既然一切都在流逝，就让我们唱一首易逝的歌来满足我们渴望的旋律。

材料：两根80cm玉线，两对不同颜色塑料串珠，八颗方形塑料串珠，一个手机挂绳，一个小铁环

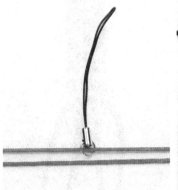

1

1.将手机挂绳穿入其中一根玉线。

2

2.开始编圆形玉米结。

3

3.编好一段玉米结后，将四颗串珠分别穿入四根线内。

4

4.继续编玉米结，注意要将结体收紧。

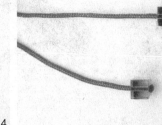

5-1

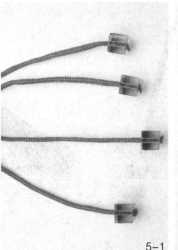

5-2

5.最后，将八颗方形串珠穿入八根线内，即成。

香草山

既然一切都在流逝，良人啊，求你快来，我们在香草山上牧群羊。

材料：两根 60cm 玉线，一个金色花托，四颗金属珠，一个手机挂绳，一个小铁环

1

1. 将手机挂绳穿入两根玉线中。

2

2. 用两根线编圆形玉米结。

3

3. 编完后，将花托穿入四根线，扣在结体的末端。

4-1

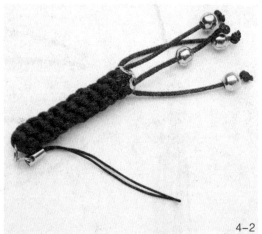

4-2

4. 在四根线的尾端各穿入一颗金属珠，并打单结固定，即成。

今 天

我们只需过好每一个今天，何必怀着丰沛的心去期待明天，要知道，日光之下，并无新事。

材料：一根 100cm 的 5 号线，一颗瓷珠，一个手机挂绳，一个小铁环

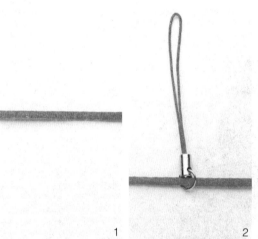

1. 拿出准备好的 5 号线。

2. 在线上穿入手机挂绳。

3. 在挂绳下方打一个双联结。

4. 在双联结下方编一个二回盘长结。

5. 穿入一颗瓷珠。

6. 在瓷珠下方打一个双联结，将瓷珠固定。

7. 最后，在两根线的尾端各打一个凤尾结即可。

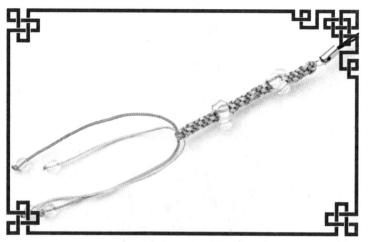

自 在

仰首是春，俯首是秋，一念花开，一念花落。眺目不及的水远山长，终究要一个人走下去。凡事都有定期，天下万物都有定时，所以不要恨命运和机数，也不要爱太遥远的时光。

材料：一个手机挂绳，一个小铁环，两根不同颜色的玉线，12个透明塑料珠

1

2

3

4

1. 准备好两根玉线。

2. 将手机挂绳通过铁环穿入两根玉线中。

3. 用两根玉线编玉米结。

4. 编一段玉米结后，将四个透明塑料珠分别穿入四根线中。

5

6

7-1

7-2

5. 继续编玉米结。

6. 编一段玉米结后，再将四个透明塑料珠分别穿入四根线中。再编一小段玉米结作为结尾。

7. 最后在四根线的尾端穿入四个透明塑料珠。

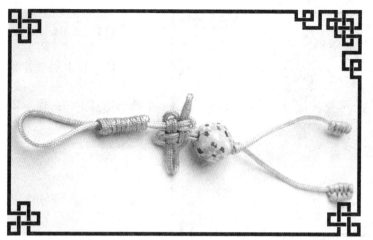

圆 满

要如何,我的一生才算圆满?唯愿那一日,我的墓前碑上刻着我的名字,你的姓氏。

材料:一根 80cm 玉线,一颗软陶珠

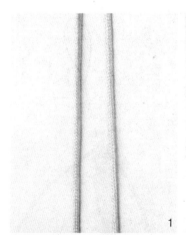

1

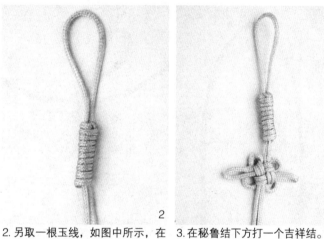

2

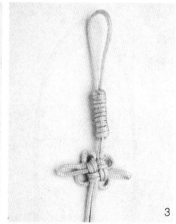

3

1. 将一根玉线对折成两根。

2. 另取一根玉线,如图中所示,在第一根玉线的对折处留出一小段距离,打一段秘鲁结。

3. 在秘鲁结下方打一个吉祥结。

4

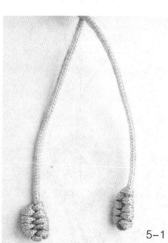

5-1

5-2

4. 在吉祥结下方穿入一颗软陶珠,并打一个双联结将珠子固定。

5. 最后,在两根线的末尾各打一个凤尾结,即成。

叮 当

你是不是也幻想着能有一个可爱的圆圆胖脸的小叮当挂身上，在你不知所措的时候给你帮忙？

材料：一根 80cm 的 6 号线，一个小铃铛，一个手机挂绳，一个龙虾扣

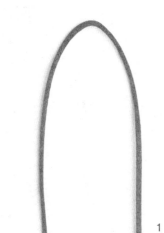

1

2

3

1. 取出一根 6 号线，将其对折。

2. 开始编锁结。

3. 编到一半时，将手机挂绳的龙虾扣扣在结上。

4

5

6

4. 如图，将铃铛穿入右侧的线内。继续编锁结。

5. 编完另一半后，将结体首尾相连。

6. 最后，将多余的线头剪去，烧粘，即可。

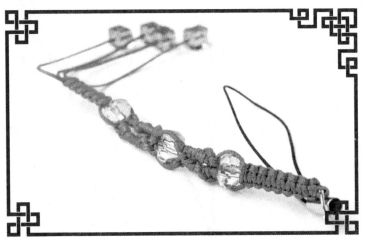

两离分

微雨轻燕双飞去，难舍难分驿桥边。

材料：两根玉线，一根60cm，一根120cm；三颗圆形塑料串珠，四颗方形串珠，一个手机挂绳，一个小铁环

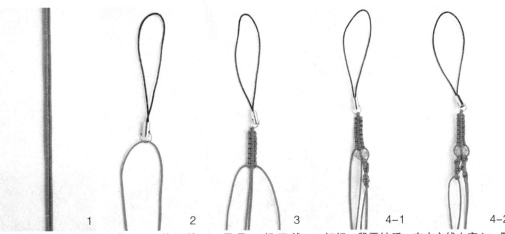

1. 拿出准备好的两根玉线。

2. 将60cm的玉线对折，在其上穿入手机挂绳。

3. 用另一根玉线在60cm玉线上打平结。

4. 打好一段平结后，在中心线上穿入一颗圆形串珠，将下面的四根线分成两组，分别打雀头结。

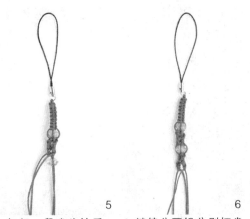

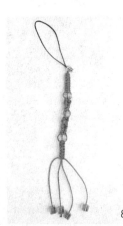

5. 打好一段雀头结后，在中心线上穿入一颗圆形串珠。

6. 继续分两组分别打雀头结。

7. 打到合适长度后，穿入一颗串珠，然后继续打平结。

8. 最后，在四根线的尾部穿入四颗方形串珠，即成。

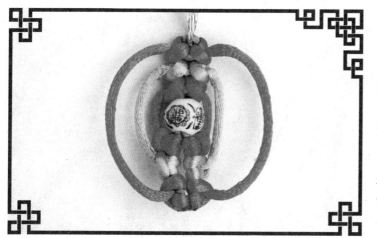

涟漪

不经意的笑如同春风戏过水塘，漾起的波纹盈向我的心口，将我淹没在心甘情愿的沉沦。

材料：四根不同颜色5号线各40cm，一颗瓷珠，一个龙虾扣，一个手机挂绳

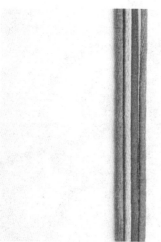

1

1. 将四根线并排摆放。

2

2. 选取其中一根作为中心线，对折后，取一根线在其上打斜卷结。

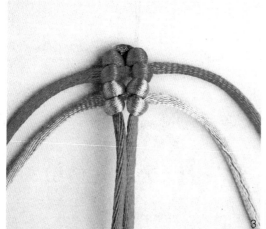

3

3. 另取一根线，以同样的方法在中心线上打斜卷结。

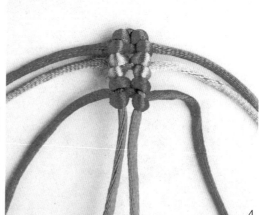

4

4. 取第三根线在中心线上打斜卷结。

5

5. 在中心线上穿入一颗瓷珠。

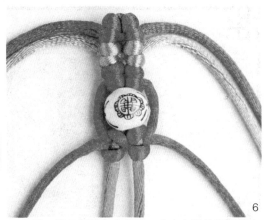

6

6. 如图，第三根线包住瓷珠，在中心线的两根线上各打一个雀头结。

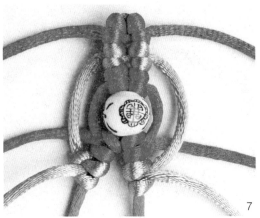

7

7. 如图，第二根线向下在中心线的两根线上各打一个雀头结。

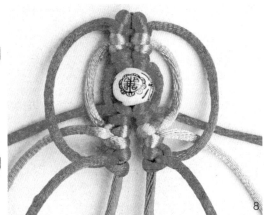

8

8. 如图，第一根线向下在中心线的两根线上各打一个雀头结。

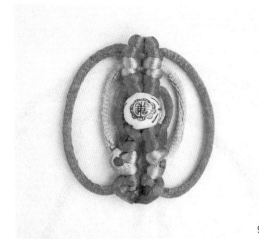

9

9. 将结体收紧，剪去多余线头，用打火机烧粘。

10

10. 将穿入龙虾扣的手机挂绳挂在结的上端，即可。

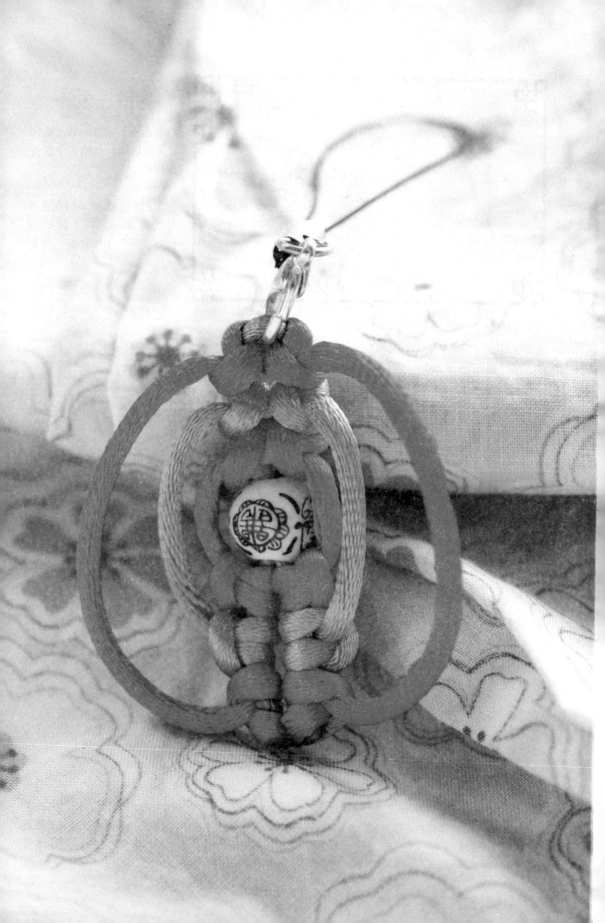

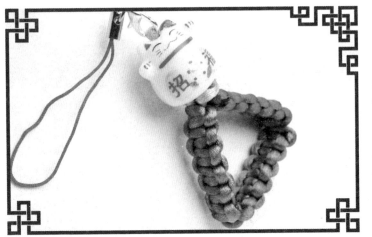

错 爱

也许是前世的姻，也许是来生的缘，却错在今生与你相见。

材料：四根不同颜色5号线各60cm，一个招福猫挂坠，一个手机挂绳，一个小铁环

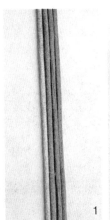

1

2

3

4

5

1. 准备好四根5号线。

2. 选取其中一根线作为中心线，对折后，将招福猫挂坠穿入其中。

3. 将手机挂绳穿入线的顶端。

4. 拿出一根线，在中心线上打平结。

5. 打好一段平结后，剪去线头，烧粘。

6

7

8-1

8-2

6. 拿出另一根线继续打同样长度的平结。

7. 将第二个平结的线头剪去，烧粘。用第三根线继续打平结，长度相同。

8. 三段平结打好后，将中心线尾端的线缠在招福猫下方的线上，让三个平结形成一个三角形。最后，将线烧连，固定即可。

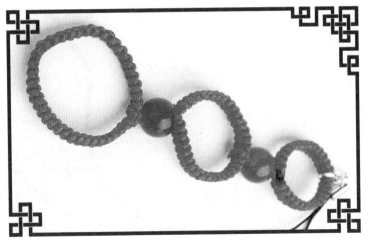

情人扣

环环相扣，意意相浓，
一生难离弃，不忍相背离。

材料：六根不同长度
的玉线，两个玛瑙珠，一
个手机挂绳，一个小铁环，
一个龙虾扣

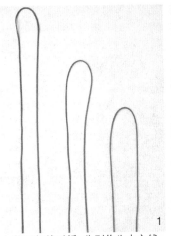

1

1. 将三根线对折,分别作为中心线。

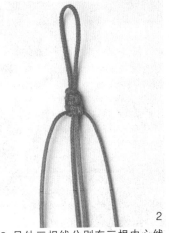

2

2. 另外三根线分别在三根中心线
上打平结。

3

3. 将编好的平结首尾连接，形成
一个圈。

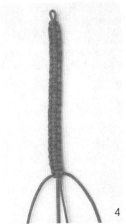

4

4. 第二个圈和第三个圈
编法相同。

5

5. 在第一个圈下穿入一颗
珠子，再将第二个圈连上。

6

6. 在第二个圈下方穿入
一颗珠子，接着将第三个
圈串联在一起。

7

7. 最后将龙虾扣扣入第
一个圈的上方即可。

如莲的心

在尘世，守一颗如莲的心，清净，素雅，淡看一切浮华。

材料：一根 100cm 玉线，两颗金色珠子，一个玉坠

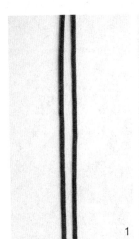

1

2

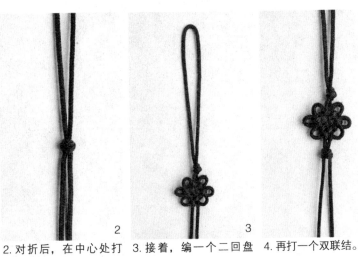

3

4

1.将玉线对折。

2.对折后，在中心处打一个双联结。

3.接着，编一个二回盘长结。

4.再打一个双联结。

5

6-1

6-2

5.在每根线上各穿入一颗金珠，并打一个双联结将珠子固定。

6.将玉坠穿入下方的线内，即成。

绿 珠

青山绿水间一路通幽,细雨霏霏情意深浓。

材料：一根100cm玉线,四颗玛瑙珠,两颗塑料珠

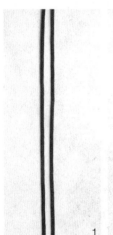    

1. 将准备好的玉线对折。

2. 在对折处打一个双联结。

3. 在双联结下方编一个二回盘长结。

4. 再打一个双联结。

5. 穿入一颗玛瑙珠。

6. 打两个蛇结将珠子固定。

7. 再穿入一颗玛瑙珠。

8. 重复5～7步骤,将四颗珠子穿完。

9. 最后,在两根线的末尾各穿入一颗塑料珠即成。

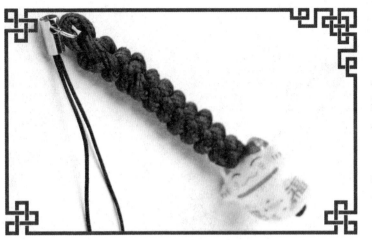

苦尽甘来

人生就像一杯茶，不会苦一辈子，但会苦一阵子。要相信，苦后自有甘来，苦后自有福报。

材料：一根 70cm 璎珞线，一个招福猫挂坠，一根手机挂绳，一个小铁环

1

1. 将手机挂绳穿入璎珞线内。

2

2. 开始编锁结。

3

3. 编到合适长度后，穿入招福猫挂坠。

4

4. 最后，打一个单结将挂坠固定，即成。

初 衷

光阴偷走初衷，什么也没留下，我只好在一段时光里，怀念另一段时光。

材料：一根 80cm 玉线，一根五彩线，一个小兔挂坠，两颗瓷珠

1

1. 将玉线对折成两根。

2

2. 留出一段距离，打一个双联结。

3

3. 在双联结下方编一个团锦结，然后将五彩线绕在团锦结的耳翼上。

4

4. 在团锦结下方打一个双联结。

5

5. 穿入小兔挂坠，并打一个单结将挂坠固定。

6

6. 最后，在每根线的结尾各穿入一颗瓷珠，并打单结固定。

7

7. 将多余的线剪去，用打火机烧粘即可。

一心一意

一心一意，是世界上最温柔的力量。

材料：两根 50cm 玉线，七颗黑珠，一颗软陶珠，一个手机挂绳，一个小铁环

1. 将两根玉线拴在手机挂绳的小铁环上。

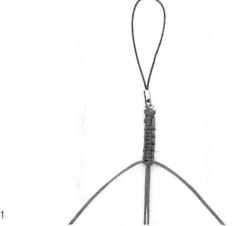

2. 以其中两根为中心线，另外两根在其上编平结。

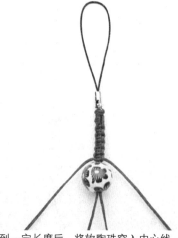

3. 编到一定长度后，将软陶珠穿入中心线。

4. 外侧的两根线分别在两根中心线上打雀头结。

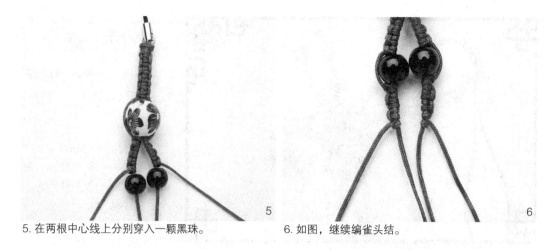

5. 在两根中心线上分别穿入一颗黑珠。

6. 如图，继续编雀头结。

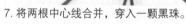

7. 将两根中心线合并，穿入一颗黑珠。

8. 如图，用外侧的两根线在中心线上打平结。

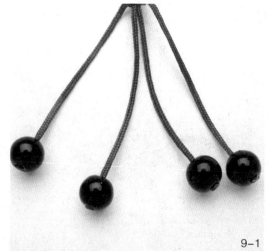

9. 注意要将结体收紧。最后在四根线上分别穿入一颗黑珠即可。

禅 意

一花一世界，一叶一菩提，一砂一极乐，一笑一尘缘。

材料：一根 60cm 的 5 号夹金线，一颗大瓷珠，两颗小瓷珠，一个小铁环，一个手机挂绳

1

1. 将线对折。

2

2. 如图，将瓷珠穿入线内，并按图中的位置摆放好。

3

3. 编一个吉祥结，注意，穿好的瓷珠分别在三个耳翼上，大珠在中间，小珠在两边。

4

4. 剪去线头，用打火机烧连成一个大小合适的圈，并挂上手机挂绳，即可。

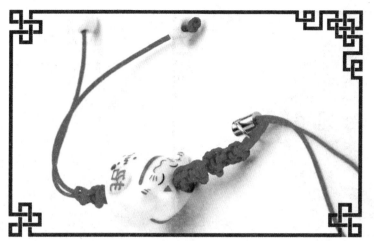

祈 喜

以一生心，发一生愿，
为你祈一生欢喜。

材料：一条30cm玉线，
一条100cm玉线，一个招
福猫挂饰，两个白色小瓷
珠，一个手机挂绳、一个
小铁环

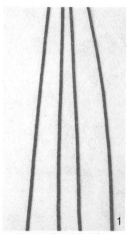

1. 将两条线对折摆放。

2. 以中间两条线为中心
线，左右两边的线在其上
打单向平结。

3. 打一段单向平结后，
穿入招福猫挂饰。

4. 继续打单向平结。

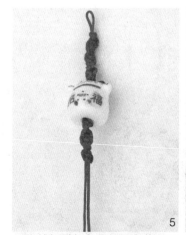

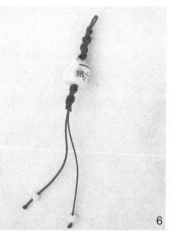

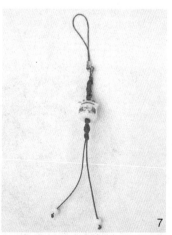

5. 当结打到与上面相同长度时，
将多余线头剪掉，用打火机烧粘。

6. 将中心线的尾端分别穿入两个
白色小瓷珠。

7. 最后，用小铁环将手机挂绳穿
入顶部的圈内。

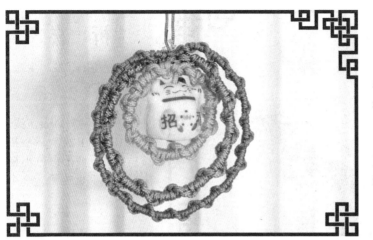

招福进宝

一只胖胖的小猫，左手招福，右手进宝，为您祈愿，纳财。

材料：三根不同颜色玉线，各120cm、100cm、80cm，一个招福猫挂坠

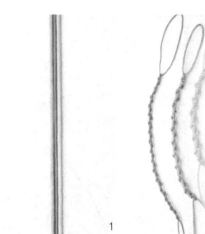

1

3

1.选好三根不同颜色玉线。

2.如图，每根线对折后留出一个圈，开始编雀头结，注意编结方向一致，这样可以编出螺旋的效果。

3.如图，将编好的三根线的尾线穿入开头留出的圈中，使其形成一个圈，并让三个圈按照大小相套。

4

5

4.将招福猫挂坠穿入最小的圈内，并使三圈相连，仅留下两根尾线。

5.最后，将两根尾线用打火机烧连成一个圈，即成。

君子如玉

君子之道，淡而不厌，简而文，温而理。知远之近，知风之自，知微之显，可与入德矣。

材料：一根 150cm 五彩线，一颗瓷珠

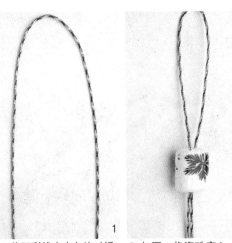

1

3

4

1.将五彩线在中心处对折。

2.如图，将瓷珠穿入。

3.在瓷珠下方开始编金刚结。

4.编到合适的长度后，如图中所示，将尾线从瓷珠的孔内穿过。

5

6-1

6-2

5. 4步骤中从瓷珠孔中穿出的两根线在之前的两根线上打单向平结。

6.打到一定长度后，剪去线头，烧粘即可。

第十章

挂 饰

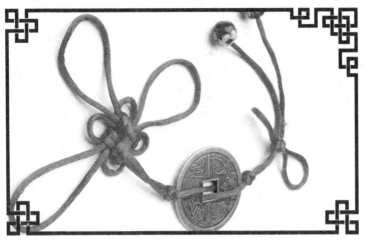

彼岸花

彼岸花开，花开彼岸，花开无叶，叶生无花，花叶生生相惜，永世不见。

材料：一根 80cm 的 5 号线，一个铜钱，两颗景泰蓝珠

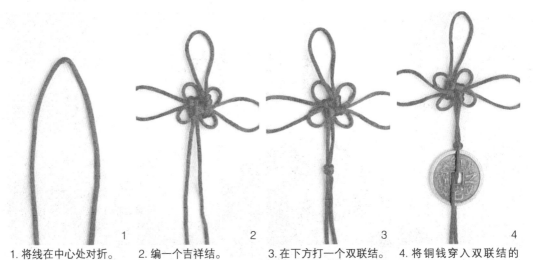

1. 将线在中心处对折。

2. 编一个吉祥结。

3. 在下方打一个双联结。

4. 将铜钱穿入双联结的下方。

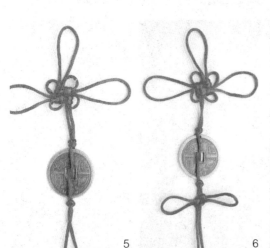

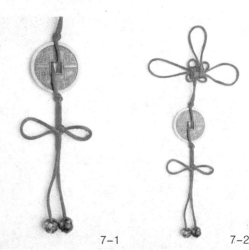

5. 打一个双联结将铜钱固定。

6. 再编一个万字结。

7. 最后，在两根线的尾端各穿入一颗景泰蓝珠，即成。

云淡风轻

待我划倦舟归来，忘记许下的誓言，忘记一次梨花似雪的相逢，忘记曾经携手的人，自此相安无事，云淡风轻。

材料：一根 120cm 的 5 号夹金线，四颗瓷珠

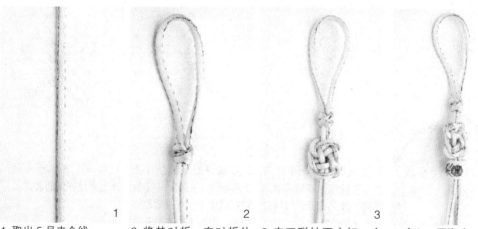

1. 取出 5 号夹金线。

2. 将其对折，在对折处留出一段距离，打一个双联结。

3. 在双联结下方打一个藻井结。

4. 穿入一颗瓷珠。

5. 打一个团锦结，再穿入一颗瓷珠。

6. 再打一个藻井结。

7. 最后，在两根线的结尾各穿入一颗瓷珠，即成。

鞭 炮

爆竹声中一岁除，春风送暖入屠苏。千门万户曈曈日，总把新桃换旧符。

材料：一根150cm的5号线，数根彩色100cm的5号线，金线

1

1. 取两根红色5号线，编圆形玉米结。

2

2. 编好后，取一小段黄色5号线作为鞭炮芯编入结内，如有必要，可用胶水粘牢固定。

3

3. 在编好的鞭炮结体上下两端缠上金线。一个鞭炮就做成了。可根据相同步骤，做出多个不同颜色的鞭炮。

4

4. 编一个五回盘长结，作为串挂鞭炮的装饰。

5

5. 将编好的鞭炮穿入盘长结下方的线内。穿好一对后，在下方打一个双联结固定。

6

6. 将所有编好的鞭炮穿好，一挂鞭炮就做成了！

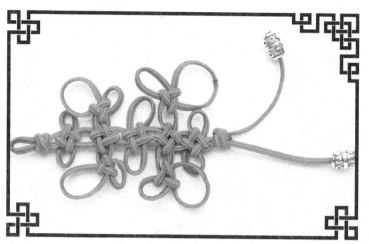

寿比南山

福如东海长流水，寿
比南山不老松。

材料：一根350cm扁
线，两颗藏银珠

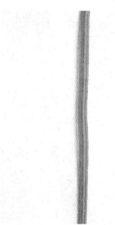

1

1.拿出准备好的扁线。

2

3

2.将扁线对折，留出一段距离，
打一个双联结。

3.在双联结下方打一个酢浆草结。

4

4.用左右两根线各编一个双环结。

5

5.根据如意结的编法，在中间编一个大的酢浆草结。

6

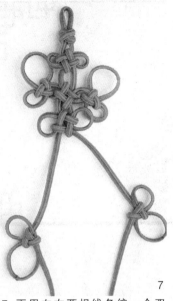

7

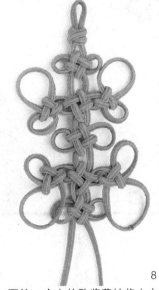

8

6. 在下方继续编一个酢浆草结。

7. 再用左右两根线各编一个双环结。

8. 再编一个大的酢浆草结将左右两边的双环结连在一起，然后在下方编一个酢浆草结。

9

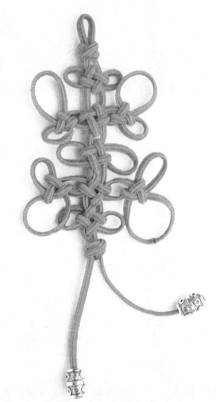

10

9. 再编一个双联结，将这个结体固定。

10. 最后，在每根线的末尾都穿上一颗藏银珠即成。

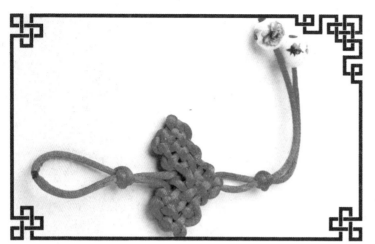

红尘一梦

红尘一梦弹指间，回首看旧缘，始方觉，尘缘浅，相思弦易断。

材料：一根 150cm 的 5 号线，两颗粉彩瓷珠

1

1. 在线的中心处将其对折。

2

2. 留出一段距离，打一个双联结。

3

3. 在双联结下方编一个磬结。

4

4. 将结体抽紧，倒置，在其上方打一个双联结，并将两条线烧连成一个新的圈。

5-1

5-2

5. 最后，将结体下部的线圈剪开，分别穿入一颗粉彩瓷珠，烧粘固定，即可。

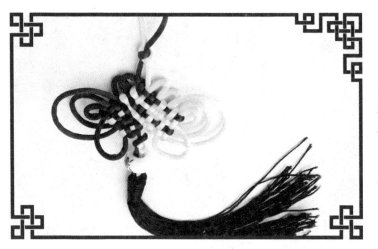

乐 事

雨打梨花深闭门，忘
了青春，误了青春。赏心
乐事谁共论？花下销魂，
月下销魂。

材料：两根不同颜色5
号线，一颗瓷珠，一束流苏

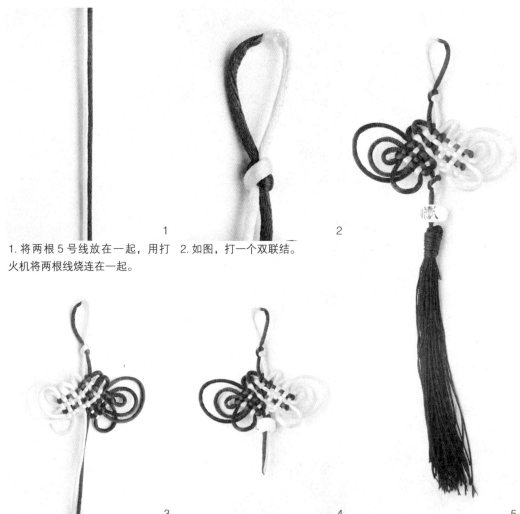

1. 将两根5号线放在一起，用打
火机将两根线烧连在一起。

2. 如图，打一个双联结。

3. 在双联结下方编一个复翼磬结。

4. 将磬结下方的线剪短，穿入一
颗瓷珠。

5. 将准备好的一束流苏穿入结体
下方的线上，即成。

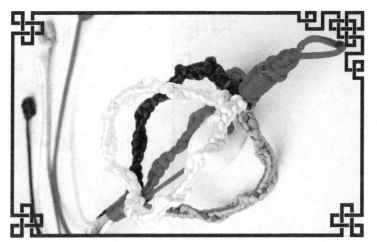

广寒宫

　　为可爱的玉兔仙子，打造一个美丽的广寒宫。

　　材料：细铁丝五根，不同颜色 50cm 的 5 号线五根，70cm 的 5 号线一根，玉兔挂坠一个

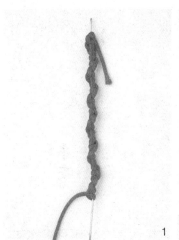

1

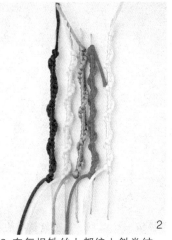

2

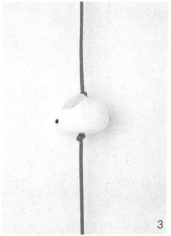

3

1. 拿出一根 5 号线，在一根铁丝上编斜卷结。

2. 在每根铁丝上都编上斜卷结。注意，结尾的线头不要剪。

3. 将玉兔挂坠穿入 70cm 线内，上下打单结固定。

4

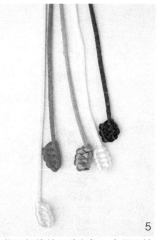

5

4. 将铁丝弯成弧形，用秘鲁结将弯好的铁丝绑在一起，将穿好的玉兔挂坠穿入中间。

5. 将五根线的尾端各打一个凤尾结即可。

祈 愿

如若今生再相见，哪怕流离百世，迷途千年，也愿，祝你平安。

材料：一根150cm的5号线，三颗瓷珠

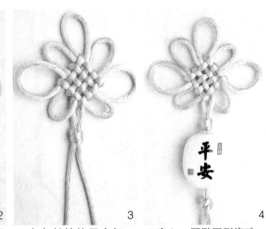

1. 准备好一根5号线。

2. 用5号线编一个二回盘长结。

3. 在盘长结的下方打一个双联结。

4. 穿入一颗椭圆形瓷珠。

5. 再打一个双联结将瓷珠固定。

6. 最后，在线的尾端分别穿入一颗粉彩瓷珠即成。

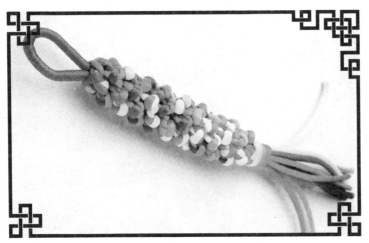

护身符

"蛇柱"是古希腊三脚祭坛的一部分，愿它成为你的护身符。

材料：一根 40cm 的 4 号线，四根 200cm 七彩线

1

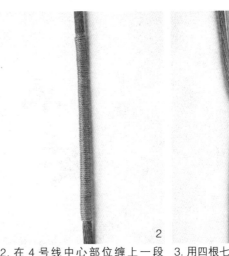

2

3

1. 先取出一根 4 号线。

2. 在 4 号线中心部位缠上一段股线。

3. 用四根七彩线打一个十字结。

4

5

4. 将缠好股线的 4 号线弯成一个圈，如图中所示穿过编好的十字结的中心。

5. 再编一个十字结。

6

7

6. 如图，每两根线编一个蛇结。

7. 再编一个十字结。

8

9

8. 重复 6 ~ 7 步骤，编到合适的长度，从其中取出
一根线编秘鲁结，将所有的线缠绕在一起。

9. 最后，将下方剩余的线修剪整齐即可。

金刚杵

　　菩萨低眉，所以慈悲六道；金刚怒目，所以降伏四魔。

　　材料：一根80cm璎珞线，四根不同颜色5号线，各150cm，一个花形串珠

1

1. 先拿出璎珞线。

2

2. 将其对折后，留出一段距离打一个纽扣结。

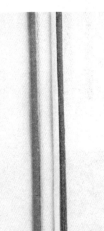

3

3. 再拿出四根5号线。

4

4. 用四根线编双线十字结。

5

5. 如图，将编好的十字结套入璎珞线上纽扣结的下方。

6

6. 如图，八根5号线分成四组，开始编金刚结。

7. 编到合适的长度后，将花形串珠穿入璎珞线上。

8. 打一个纽扣结，将串珠固定。

9. 最后，从八根线中分出一根线打秘鲁结，将所有的线材裹住。

10. 将剩余的线修剪整齐，即成。

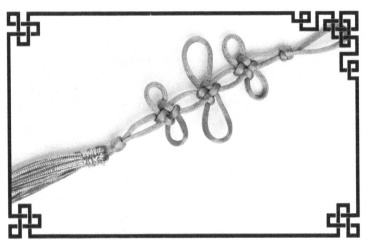

迷 离

　　用我三生烟火，换你一世迷离。

　　材料：一根80cm的5号线，一束金线流苏

1

1. 将线对折，然后打一个双联结。

2

2. 接着编一个酢浆草结。

3

3. 再编一个酢浆草结。

4

4. 编第三个酢浆草结，并打一个双联结收尾。

5

5. 最后将流苏穿入结体的末端，即可。

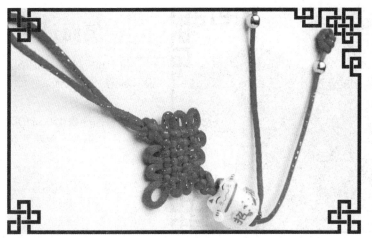

快乐就好

要活着，就一定要有爱，有快乐，有梦想。因为我只怕心老，不怕路长。

材料：一根150cm的5号夹金线，一个招福猫挂饰，两个金色金属珠

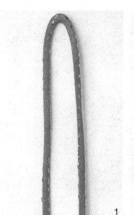

1

1. 将准备好的线对折。

2

2. 打一个双联结。

3

3. 然后编一个三回盘长结。

4

4. 编好后，再打一个双联结。

5

5. 穿入一个招福猫挂饰。

6

6. 打一个双联结将挂饰固定。

7

7. 将线的末尾各穿入一个金属珠，再各编一个凤尾结。最后，将多余的线头剪去，烧粘即可。

一笑而过

情不知所起，一往而深。
恨不知所踪，一笑而泯。

材料：一根 150cm 的 5
号线，一个铜钱，两颗景泰
蓝串珠

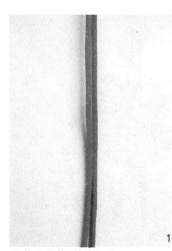

1

1. 将 5 号线对折成两根。

2

2. 编一个单耳复翼盘长结。

3

3. 将结体收紧后，在下方打一个
双联结，再穿入一个铜钱。

4

4. 再打一个双联结将铜钱固定。

5-1

5-2

5. 最后，在两根线尾分别穿入一颗景泰蓝串珠，烧粘即可。

舒 心

我们要有简单而幸福的一生: 怀助人的心, 做舒心的事, 爱单纯的人, 走幸福的路。

材料: 一根 120cm 的 5 号线, 一个招财猫挂饰, 一束流苏

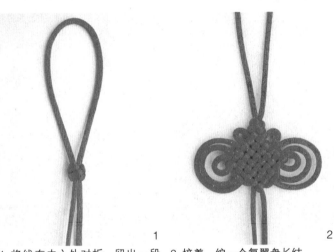

1

2

1. 将线在中心处对折, 留出一段距离, 然后打一个双联结。

2. 接着, 编一个复翼盘长结。

3

4

5

3. 编好后, 再打一个双联结。

4. 将招财猫挂饰穿入双联结的下方。

5. 将准备好的流苏绑在线的末端, 即成。

风 华

孜孜以求的风华不过是一指流沙，而苍老的却是一段年华。

材料：一根 150cm 的 5 号线，一个脸谱形饰物，一束流苏

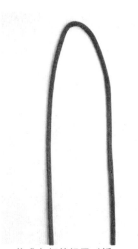

1

1. 将准备好的绳子对折。

2

2. 留出一段距离，打一个双联结。

3

3. 然后编一个四回盘长结。

4

4. 在盘长结的尾部挂上一束同色的流苏。

5-1

5. 最后，将脸谱形饰物粘在盘长结上即可。

5-2

容 华

终为那一身江南烟雨负了天下，容华谢后，不过一场山河永寂。

材料：一根 200cm 的 5 号线，一个铜钱，一颗瓷珠，一束流苏

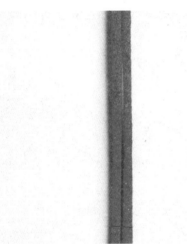

1

1. 将线对折。

2

2. 留出一段距离，打一个双联结。

3

3. 打一个七回盘长结。

4

4. 打一个双联结。

5

5. 穿入一颗瓷珠，并打一个双联结固定。

6

6. 穿入铜钱。

7-1

7-2

7. 将准备好的流苏挂在铜钱的下方即可。

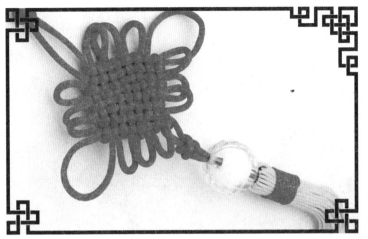

咫 尺

一念起，天涯咫尺；一念灭，咫尺天涯。

材料：一根 200cm 的 5 号线，一颗塑料珠，一束流苏

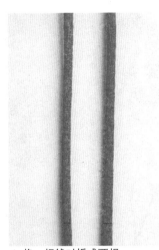

1

1. 将一根线对折成两根。

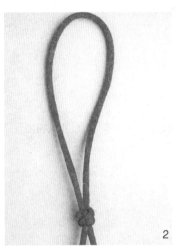

2

2. 留出一段距离，打一个双联结。

3

3. 在双联结下方打一个四回盘长结。

4

4. 在盘长结下方打一个双联结。

5

5. 在双联结下方穿入一颗塑料珠。

6

6. 最后，将流苏穿入塑料珠的下方即成。

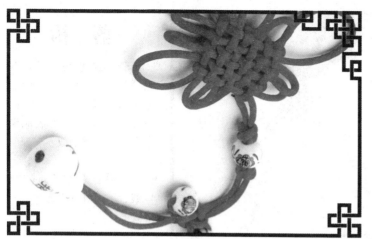

任 他

人生百年有几，念良辰美景，且酩酊，任他两轮日月，来往如梭。

材料：一根200cm的5号线，三颗瓷珠，一个小猫挂坠

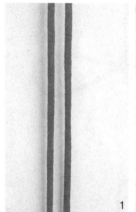

1

2

3

4

1. 将准备好的一根5号线对折。

2. 留出一段距离，打一个双联结。

3. 在双联结下方打一个三回盘长结。

4. 将结体整理一下，再打一个双联结。

5

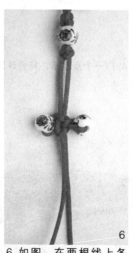

6

7-1

7-2

5. 穿入一颗瓷珠，并打一个双联结。

6. 如图，在两根线上各穿入一颗瓷珠，并以此作为耳翼，编一个万字结。

7. 最后，将小猫挂坠穿入两根线下方即可。

落 梅

驿外断桥边，寂寞开无主。已是黄昏独自愁，更著风和雨。无意苦争春，一任群芳妒。零落成泥碾作尘，只有香如故。

材料：一根50cm的5号线，一个梅花瓷珠，一束流苏

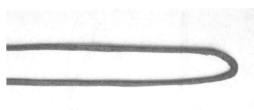

1

1. 将线对折。

2

2. 编一个横藻井结。

3

3. 将梅花瓷珠穿入横藻井结下方。

4

4. 打一个双联结，将瓷珠固定住。

5

5. 将流苏绑在双联结下方即可。

流 彩

长夜久久的暗影中，一簇簇复活般的心灵烛火正在流出异彩，燃出光亮。

材料：一根 300cm 的 4 号夹金线，两颗瓷珠

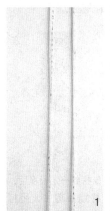

1. 将一根线对折。

2. 在线的中心打一个凤尾结。

3. 在中心的凤尾结下方 20cm 处，各打一个凤尾结。

4. 与上两个凤尾结相隔 30cm 处，各打一个凤尾结。

5. 再相隔 30cm，各打一个凤尾结。

6. 最后，在相隔 30cm 处，各打一个凤尾结，然后各穿入一颗长形瓷珠。

7. 将尾端的线各打一个凤尾结作为结尾。

晚桐

无缘声起，是不因寂寞而错爱的祷告。

空谷响绝，是不因错爱而寂寞一生的知晓。

秋日晚桐，你要经冬不凋。

材料：一根200cm的4号线，一根450cm的4号线，三个大孔粉彩瓷珠，两个椭圆形粉彩瓷珠

1. 将200cm的4号线对折，作为中心线。

2. 在中心线的顶端打一个纽扣结。

3. 穿入一颗大孔瓷珠。

4. 用450cm的4号线在中心线上打平结。

5. 打到一定长度后，将线头剪去，用打火机烧粘。中心线打一个纽扣结固定，再穿入一个大孔瓷珠，再打一个纽扣结固定。

6. 重复4～5步骤，完成腰带主体部分。在最后一段平结处，打一个双联结。

7. 间隔7cm处再打双联结，共打四个双联结，套纽扣结用。最后在中心线尾端穿入两颗椭圆形粉彩瓷珠即可。

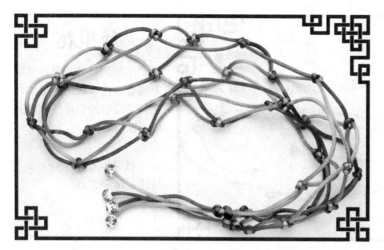

柔 情

只言片语不会使柔情作罢，为只为，冉冉东方亮出的日晕满天的熠熠红霞。

材料：四根 200cm 的 4 号线，四颗瓷珠

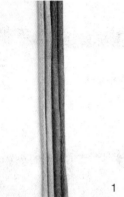

1

2

3

4

1.拿出准备好的四根线。

2.先用两根线编一个十字结。

3.拿出第三根线，在与第一个十字结平行处，编一个十字结。

4.拿出第四根线，在与第二个十字结平行的下方，编一个十字结。

5

6

7-1

7-2

5.第四根线和第一根线相交，编一个十字结。注意，四个十字结编后成正方形。

6.重复2～5步骤。腰带主体完成后，用外侧的两根线在中间的两根线上编平结。

7.最后，在每根线的尾部穿入一颗瓷珠作为结束。

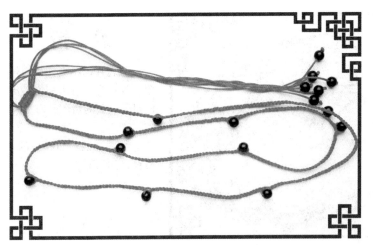

梦里花

不眠的日日夜夜，再次上演着孤枕难眠的梦里梦外花，爱晚亭的变化使得谁又成了谁的牵挂。

材料：三根 150cm 的 7 号线，16 颗黑珠

1. 将三根 7 号线并排放在一起。

2. 在三根线的 20cm 处打一个单结。

3. 开始编三股辫。

4. 编到一定长度后，在一根线上穿入一颗黑珠，继续编三股辫。按照此步骤继续编结和穿珠，直到穿入 10 颗珠子为止。

5. 打一个单结将编好的三股辫固定。

6. 用一段线打平结将腰带的首尾两端包住。

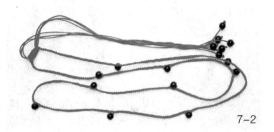

7. 最后，每根线的尾端都穿入一颗黑珠，即成。

临水照花

今世的相遇注定了难以忘却的无法自拔，临水而立，犹为离人照着落花。

材料：200cm 的 4 号线一根，粉彩瓷珠两颗

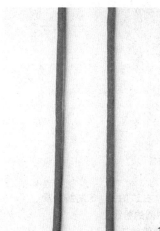

1

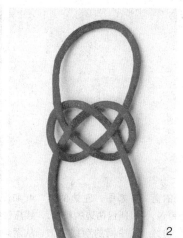

2

3

1. 将准备好的线对折。

2. 从头开始编双钱结。

3. 共编 11 个双钱结，主体部分完成。

4-1

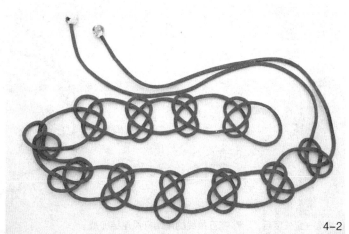

4-2

4. 最后在线的尾端穿入粉彩瓷珠即成。

层层叠叠

我的爱层层叠叠，我的情层层叠叠，我的心亦层层叠叠

材料：五根300cm的5号线

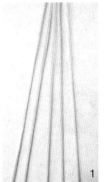

1

2

3

4

5

1. 准备好五根5号线。

2. 如图，左边的蓝线从粉线后方绕过，右边的蓝线从粉线前方压过，两条线相互挑压。

3. 如图，左边的蓝线压过两边的粉线，从中间的粉线下方向右穿过。右边的蓝线从粉线后方绕过，两线相互挑压。

4. 如图，右边的蓝线压过中间的粉线，从两边的粉线下方向左穿过。左边的蓝线从粉线下方绕过，两线相互挑压。

5. 将线拉紧。

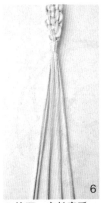

6

7-1

7-2

6. 编至一定长度后，选一根细线在其上打秘鲁结固定。

7. 在五根线的尾端打凤尾结即成。

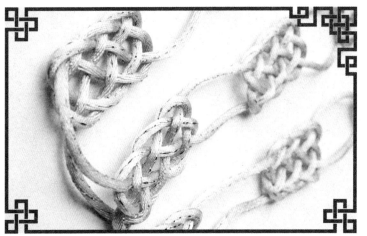

素 年

即刻出发，从初晨，到黄昏，从诗意到感怀，从睿智到坦诚，自静默向纷华。

材料：一根300cm的5号夹金线

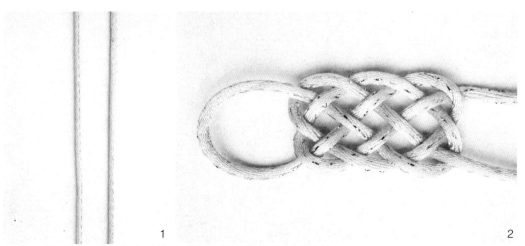

1

1. 取一根5号夹金线，将线对折成两根。

2. 留出一段空余后开始编发簪结。

3

3. 编好一个发簪结后，留出一段空余再编一个，总共编好九个发簪结。

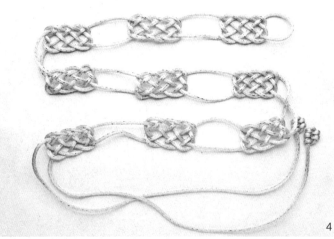

4

4. 最后，在结尾打两个凤尾结，即成。

梵 志

山云当幕，夜月为钩。
卧藤萝下，块石枕头。不朝
天子，岂羡王侯。生死无
虑，更复何忧。

材料：一根200cm扁线

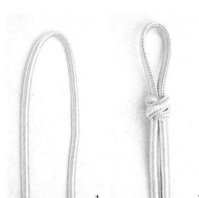

1　　　　2　　　　3　　　　4　　　　5

1. 将扁线在中心处
对折。

2. 打一个双联结。

3. 再编一个双钱结。

4. 继续编双钱结，
注意线的走向，每
次编结时绕线的方
向要不同，才能编
出平整的效果。

5. 编到合适长度后，
打一个双联结。

6-1　　　　　　6-2　　　　　　6-3

6. 在双联结下方打一个纽扣结作为结束，即成。

离人泪

晓来谁染霜林醉？总是离人泪。

材料：一根 200cm 扁线

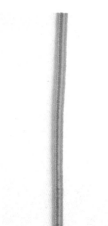

1

1. 准备好一根扁线。

2

2. 将线对折，在其中心部位打一个酢浆草结。

3

3. 如图，在中心处的酢浆草结左右两侧各打一个酢浆草结。

4

4. 以打好的三个酢浆草结作为三个耳翼，编一个大的酢浆草结。

5

5. 小心地将结体抽紧。

6-1

6-2

6. 最后，再打一个酢浆草结作为结束，并将多余的线头剪去，用打火机烧连成圈即可。

最浪漫的事

我能想到最浪漫的事，就是愿得一心上人，白首不相离。

材料：三根 5 号线，各 100cm

1

1. 将三根线分成两组，一组一根，一组两根，开始编第一个双钱结。

2

2. 如图，开始编第二个双钱结。

3

3. 注意编好后的形状，两个双钱结要紧凑不留空隙。

4

4. 如图，两个双钱结的两侧各编一个双钱结。

5

5. 编好四个双钱结后，准备收尾。

6

6. 将第五个双钱结编好后剪去线头，烧粘即成。

翩 翩

月伴星，星傍月，繁星闪闪，月痴迷。花醉蝶，蝶恋花，蝶舞翩翩，花嫣然。

材料：一根 120cm 的 5 号夹金线

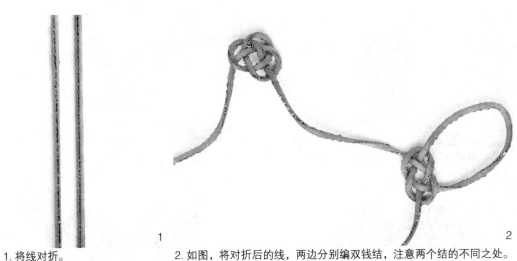

1

1. 将线对折。

2

2. 如图，将对折后的线，两边分别编双钱结，注意两个结的不同之处。

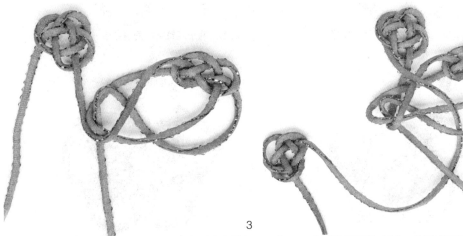

3

3. 如图，右边的双钱结向下翻转，最外侧的右线如图中所示穿入双钱结上方的圈内。

4

4. 如图，右侧的线再次穿过 3 步骤中双钱结上方的圈内。用左侧的线再编一个双钱结。

5

6

5. 如图，在中间编一个六耳团锦结，将编好的双钱
结串在一起。

6. 如图，将编好的结体收紧。

7

8

7. 如图，将右侧的线编入团锦结内，并留出一个较
大的圈。

8. 如图，右上方的线在7步骤形成的圈上编一个双
钱结。

9

9. 最后，编好双钱结的线同样收进中心的团锦结内，并留出部分作为蝴蝶的触角。整理结形，即可。

问 情

过眼云烟，流水落花，今朝几多愁？弹指挥间，人事皆非，人间情难断。

材料：三根 250cm 的 5 号线

1

2

3

1. 将三根线并排放在一起，编出一个单线双钱结，注意上方留出一个圈。

2. 编第二个双钱结，注意上方的圈要相连。

3. 按照 2 步骤继续编结。

4-1

4-2

4. 编到最后，将线头剪齐，用打火机烧粘在一起即可。

雏 菊

雏菊这样的花，枝干不大，花色不艳，气味中和，小小的，怯怯的，多适合暗恋的花儿。

材料：两根5号线，一根细铁丝

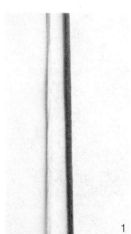

1

2

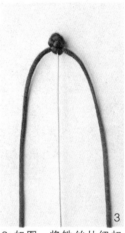

3

4

1.准备好两根5号线。

2.取出一根，打一个纽扣结做花心。

3.如图，将铁丝从纽扣结的下方穿入。

4.将纽扣结下方的线绕在铁丝上。

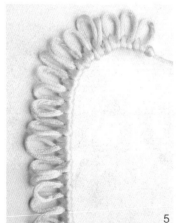

5

6

7

5.开始做花瓣。剪一段线作为中心线，其余的线在其上编雀头结，注意要留出图中所示的耳翼。

6.编到合适的长度后，将结绕成一朵花的形状。

7.将花心穿入花瓣中，将多余的线头剪去粘牢，再将花心用胶水固定在花瓣中即成。

送　别

晚风拂柳笛声残，夕阳山外山。天之涯，地之角，知交半零落。一壶浊酒尽余欢，今宵别梦寒。

材料：一根 80cm 璎珞线，两颗串珠

1

2

3

1. 如图，将璎珞线挂在茶壶盖上。　2. 如图，编一个吉祥结。　3. 在吉祥结下方开始编蛇结。

4-1　　　　　　　　　4-2

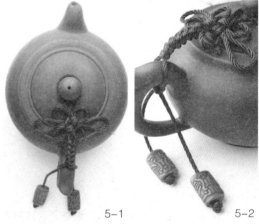

5-1　　　　　　　　　5-2

4. 编到合适的长度后，将线缠绕在茶壶把上，并在茶壶把的下方打一个蛇结固定。

5. 最后，将两颗串珠分别穿在两根线的末尾，烧粘即可。

离　殇

流水一去不返。不泣离别，不诉终殇。

材料：一根 70cm 玉线

1

1. 将玉线挂在茶壶盖上。

2

2. 编一个吉祥结。

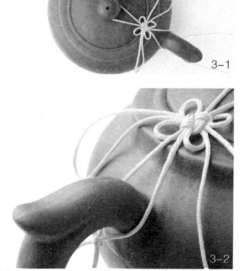

3-1

3-2

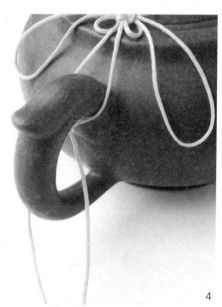

4

3. 编好后，将线系在茶壶把上，并在茶壶把的下方打一个蛇结，将其固定。

4. 最后，在线的尾部各打一个凤尾结，即成。

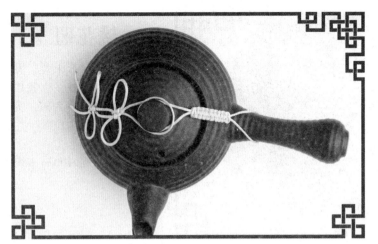

云 溪

　　山如墨染，水若明镜，几时归去做个闲人，对一张琴、一壶酒、一溪云。

　　材料：两根玉线，一根 100cm，一根 50cm

1

2

3

1. 如图，将 100cm 玉线挂在茶壶把上。

2. 如图，取出 50cm 玉线在 100cm 玉线上打一段平结。

3. 如图，两根玉线在茶壶盖上缠绕一圈。

4

5-1

5-2

4. 如图，缠绕后，用两根玉线打一个酢浆草结。

5. 如图，再打一个酢浆草结，即成。

桃花盟

海未枯,石未烂,花
未谢,尘世未醒,你我以
桃花为盟,莘草为冠,为
彼此一诺磐石。

材料:一根 100cm 玉线

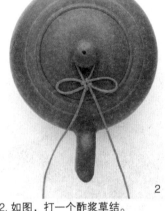

1

2

3

1.如图,将玉线对折挂在茶壶盖上。　2.如图,打一个酢浆草结。　3.在酢浆草结下方打一段平结。

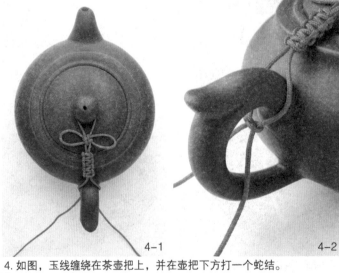

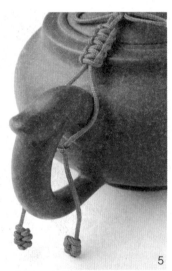

4-1

4-2

5

4.如图,玉线缠绕在茶壶把上,并在壶把下方打一个蛇结。

5.最后,在两根线的末尾各打一个凤尾结作为结束。

片 刻

人生真的太仓促，就像一杯清茶，由热转凉，由浓到淡，不过片刻而已。

材料：一根 100cm 玉线

1

2

3

1. 如图，将玉线挂在茶壶盖上，并打一个蛇结将其固定。

2. 在蛇结下方编锁结。

3. 编到合适长度后，将结抽紧。

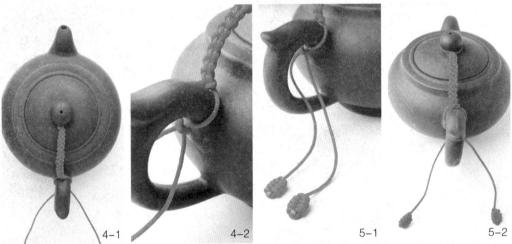

4-1　　4-2　　5-1　　5-2

4. 将两根线绕到壶把上，在壶把下方打一个蛇结将其固定。

5. 最后，在两根线的尾端各打一个凤尾结即成。

做 诗

醉过才知酒浓，爱过才知情重。你不能做我的诗，正如我不能做你的梦。

材料：一根 80cm 玉线，一根 40cm 玉线，两颗木珠

1

2

3

1. 将 80cm 玉线挂在茶壶盖上。

2. 如图，编一个团锦结。

3. 取出 60cm 玉线，在团锦结下方打一段平结，结尾烧粘。

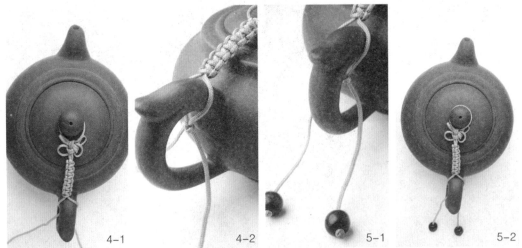

4-1 4-2 5-1 5-2

4. 如图，将两根中心线绕在茶壶把上，并在下方打蛇结固定。

5. 最后，在两根线的末尾各穿入一颗木珠即成。

梦江南

一溪流云轻梳妆。微风岸，碧如簪。黑瓦白墙，一纸红尘淡。流水迢迢自吟唱，思忆长，梦江南。

材料：两根玉线，两颗玛瑙珠

1

1. 将一根玉线挂在茶壶盖上方。

2

2. 如图，打一个双联结。

3

3. 在双联结下方编一个二回盘长结。

4

4. 另取一根线，在盘长结下方打一段平结，结尾烧粘。

5

5. 将两根线绕在茶壶把上，并在壶把下方打一个蛇结将其固定。

6-1

6-2

6. 最后，在两根线的末尾各穿入一颗玛瑙珠。

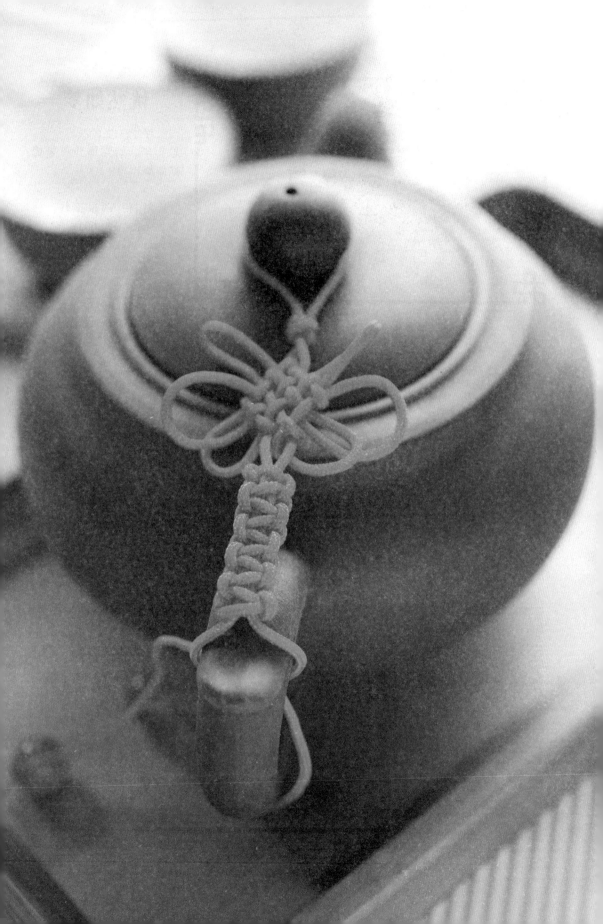

恍然如梦

浮华一生，淡忘一季。思年华，始觉那些年华恍然如梦。

材料：两根玉线，一根 30cm，一根 60cm

1

1. 将 30cm 的玉线挂在茶壶盖上。

2

2. 如图，用 60cm 玉线在 30cm 玉线上打平结。

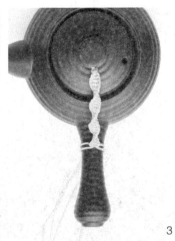

3

3. 打到合适长度后，将结尾端的四根线分成两组缠绕在茶壶把上。

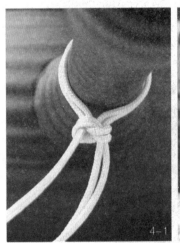

4-1

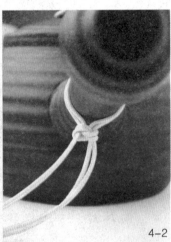

4-2

4. 用缠绕在茶壶把上的两组线打一个蛇结。

5

5. 最后，将尾部的线分成两组，各打一个纽扣结，即成。

在一起

在看得见的地方，我的眼睛和你在一起；在看不见的地方，我的心和你在一起。

材料：两根不同颜色玉线，各 60cm

1. 将两根线用打火机烧连在一起，注意两根线的位置。

2. 将线套在茶杯盖上，开始编金刚结。

3. 编到合适长度后，将线系在茶杯把上。

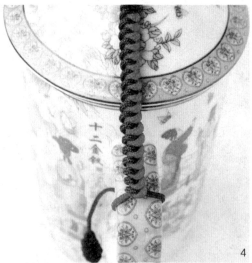

4. 最后，在两根线上各打一个凤尾结，即成。同法也可做茶壶挂饰。

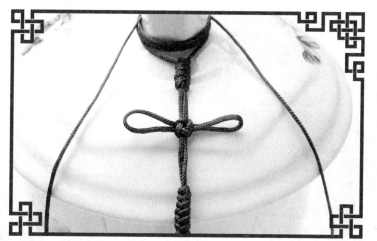

忘忧草

　　嵇康说："萱草忘忧。"所以萱草又名"忘忧草"，而吴地的书生们称它为"疗愁"。

　　材料：一根 80cm 玉线

1. 拿出准备好的玉线。

2. 如图，将线拴在茶杯的把手上，开始编金刚结。

3. 编好一段后，在其下方编一个酢浆草结。

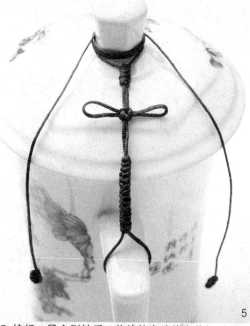

4. 继续编金刚结。

5. 编好一段金刚结后，将线的末端绕在茶杯盖上，最后编两个凤尾结作为结尾即成。

连理枝

在天愿作比翼鸟，在地愿为连理枝。天长地久有时尽，此恨绵绵无绝期。

材料：一根 100cm 璎珞线

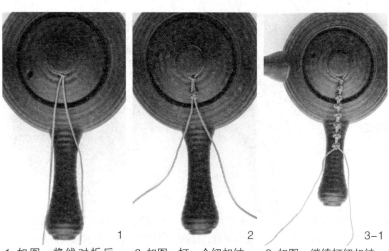

1   2   3-1   3-2

1. 如图，将线对折后，套在茶壶盖上。

2. 如图，打一个纽扣结。

3. 如图，继续打纽扣结。

4-1   4-2   5   6

4. 编到合适长度后，将两根线搭在壶把上。

5. 两根线绕到壶把下方，打一个蛇结。

6. 最后，在两根线的末尾各打一个凤尾结即可。

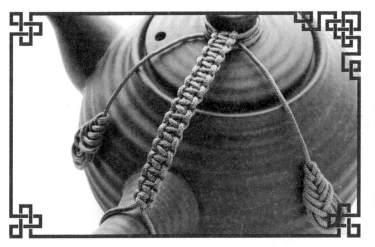

一生一梦里

一年老一年，一日没一日，一秋又一秋，一辈催一辈。一聚一离别，一喜一伤悲。一榻一身卧，一生一梦里。

材料：两根玉线，一根 80cm，一根 150cm

1

1. 先取出 80cm 的玉线。

2. 如图，将 80cm 玉线挂在茶壶把上，然后用另一根玉线在其上打平结。

3

3. 打平结到合适的长度后，如图中所示将四条线分成两部分，挂在茶壶盖上。

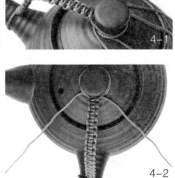

4-1

4-2

4. 如图，将内侧的中心线剪去，烧粘，用外侧的两根线在茶壶盖上缠绕一圈。

5-1

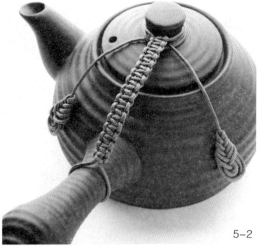

5-2

5. 最后，将两根线绕到茶壶把的方向，并在其上各打一个琵琶结，即成。